建筑装饰材料与施工工艺研究

张　力　耿海峰　朱　震　著

延边大学出版社

图书在版编目（CIP）数据

建筑装饰材料与施工工艺研究 / 张力，耿海峰，朱震著. -- 延吉 ：延边大学出版社，2022.9

ISBN 978-7-230-03845-4

Ⅰ. ①建… Ⅱ. ①张… ②耿… ③朱… Ⅲ. ①建筑材料－装饰材料－研究②建筑装饰－工程施工－研究 Ⅳ. ①TU56②TU767

中国版本图书馆 CIP 数据核字(2022)第 180254 号

建筑装饰材料与施工工艺研究

著　　者：张　力　耿海峰　朱　震
责任编辑：董　强
封面设计：正合文化
出版发行：延边大学出版社
社　　址：吉林省延吉市公园路 977 号　　邮　　编：133002
网　　址：http://www.ydcbs.com　　E-mail：ydcbs@ydcbs.com
电　　话：0433-2732435　　传　　真：0433-2732434
印　　刷：廊坊市广阳区九洲印刷厂
开　　本：787×1092　1/16
印　　张：12.25
字　　数：200 千字
版　　次：2022 年 9 月 第 1 版
印　　次：2022 年 9 月 第 1 次印刷
书　　号：ISBN 978-7-230-03845-4

定价：68.00 元

前　言

近年来，我国的城镇建设不论在规模上还是在质量上都有了较大的发展，特别是在建筑装饰装修领域，作为国民经济晴雨表的建筑业得到了巨大的发展机遇。为了满足人们对建筑装饰行业的施工质量要求，绿色环保的装修材料、新型的装饰机具和施工工艺不断出现。

随着建筑技术、材料的发展和国民生活水平的提高，人们对建筑室内外环境质量的要求也越来越高。通过建筑装饰材料的质感、纹理、色彩等，可以实现各种风格的装饰效果及不同条件的使用功能，满足人们多形式、多层次、多风格的要求，充分体现个性化、人性化的建筑空间环境。不同的建筑装饰材料具有不同的特性、应用范围、应用方式和质量标准，只有了解、熟悉、掌握了建筑装饰材料的这些基本知识，才能根据建筑工程类别、建筑装饰部位和使用条件，合理选择建筑装饰材料，以达到理想的建筑装饰效果。因此，市场急需大批优秀的室内设计人才。

“建筑装饰材料与施工工艺”是建筑装饰工程技术专业的一门核心课程，对学生职业能力的培养和职业素养的养成起主要支撑作用。本书打破了传统建筑装饰材料与施工工艺教材的理论体系，采用项目教学模式编写，注重教学过程与生产过程的对接。内容紧扣相关法律法规和国家、行业最新标准，充分结合了当前建筑装饰装修工程的实际情况，汇集了编者长期的专业教学和实践经验，具有较强的适用性、实用性、时代性和实践性。

本书论述的重点为市场广泛应用的建筑装饰材料，注重对材料特性、应用特点以及施工工艺的讲解，有利于一线教学的开展，非常适合建筑装饰相关专业在校生以及装饰行业从业人员阅读使用。

由于笔者的学识水平有限，书中难免存在不足之处，敬请同行专家及读者指正，以便进一步完善提高。

笔者

2022 年 6 月

目　　录

第一部分　建筑装饰材料研究

第一章　建筑装饰材料的基础认知

第一节　建筑装饰材料的定义与特性

装饰材料与施工构造是现代装饰设计、施工的技术基础，任何装饰工程都要使用装饰材料，并通过施工来达到预先的设计效果。现代装饰材料品种齐全，在很大程度上简化了设计流程，但是也加大了我们认识材料的难度。要想全面了解现代化的装饰材料，就需要具备敏锐的洞察力与时尚的生活观。

一、装饰材料的定义

装饰材料是指直接或间接用于装饰设计、施工、维修的实体物质成分，通过这些物质的搭配、组合，能创造出适宜使用的环境空间。传统的装饰材料按形态来定义，主要分为“五材”，即实材、板材、片材、型材、线材。尽管现在仍在使用这些传统的定义，但我们需要注意，受益于现代工业的新技术、新工艺，各种新型材料不断出现，如真石漆、液体壁纸等，这些超越了我们的传统观念。

二、装饰材料的特性

装饰材料的品种很多，不同品种具有不同特性，这也是选用装饰材料时要注意的方面。装饰材料的特性主要表现在以下几个方面。

（一）色彩

色彩反映了材料的光学特征。不同的颜色给人以不同的心理感受，而两个人又不可能对同一颜色产生完全相同的感受。装饰材料的色彩会直接影响设计风格与氛围。例如，墙面乳胶漆一般选用浅米色、白色等明快的颜色，而地板一般选用棕色、褐色等深重的颜色，这些颜色搭配起来会给大多数人带来稳定、安静的空间感受。

（二）光泽

光泽是材料表面的质地特性，它对材料形象的清晰程度起决定性作用。装饰材料表面越光滑，则光泽度越高，越能给人带来华丽、干净的视觉效果，如油漆、金属材料。装饰材料表面越粗糙，则光泽度越低，会给人带来稳重、厚实的视觉效果，如地毯、壁纸材料。

（三）透明性

透明性是指光线通过物体所表现的穿透程度，如普通玻璃、有机玻璃等装饰材料的透明性都比较高。透明或半透明材料主要用于需要透光的空间或构造，如窗户、灯箱、采光顶棚等，这些材料在给人带来光亮的同时，还具有阻隔空气、防潮湿等作用。

（四）花纹图案

在材料上制作出各种花纹图案是为了增加材料的装饰性，在生产或加工材料时，可以利用不同工艺将材料加工成各种花纹图案，以进一步提高材料的审美特性。例如，采用切割机或雕刻机将木质纤维板加工成带有花纹图案的板材，成本低廉且效果独特。

（五）形状尺寸

任何装饰材料都要被加工成预定的形状与尺寸，以满足销售、运输、使用的需求。现代装饰设计与施工对装饰材料的形状、尺寸都有特定的要求。例如，木质材料被加工成 2 400 mm×1 200 mm×15 mm 的板材，或被加工成长度为 3m、6m 等的方材，这样才便于统一定价并进一步加工，最终达到提高装修效率的目的。

（六）使用性能

装饰材料还应需具备基本的使用性能，如耐污性、耐火性、耐水性、耐磨性、耐腐蚀性等，这些基本性能保证材料在使用过程中经久常新，以保持其原有的装饰效果。此外，现代新型装饰材料还要求具备节能环保功能，强调材料的可重复利用性，如金属吊顶扣板，这也能进一步提升装饰材料的价值。

第二节　建筑装饰材料的功能与分类

一、装饰材料功能

装饰装修的目的是美化建筑环境空间，保护建筑的主体结构，延长建筑的使用年限，营造一个舒适、温馨、安逸、高雅的生活环境与工作场所。目前，装饰材料的功能主要表现在以下三个方面。

（一）装饰功能

装饰工程最显著的效果就是满足人们对美的需求，室内外各基层面的装饰效果都是通过装饰材料的质感、色彩、线条样式来表现的。设计师通过对这些样式的巧妙处理来改进环境空间，从而弥补原有建筑设计的不足，营造出理想的空间氛围与意境，美化我们的生活。例如，天然石材不经过加工打磨就不够光滑，只有经过表面处理后，才能表现其真实的纹理色泽；普通原木非常粗糙，但是经过精心刨切之后，所形成的板材或方材的装饰性能大大提高；金属材料相对昂贵，配置装饰玻璃或有机玻璃后，将金属材料用到细节部位，可以提升质感。

（二）保护功能

建筑在长期使用过程中会受到日晒、雨淋、风吹、撞击等自然气候或人类活动的影响，会造成建筑的墙体、梁柱等结构出现腐蚀、粉化、裂缝等问题，进而影响建筑的使用寿命。如果装饰材料具备较好的强度、耐久性、透气性等，可在一定程度上延长建筑的使用寿命。选择适当的装饰材料对空间表面进行装饰，能够有效地提高建筑的耐久性，降低维修费用。例如，在卫生间的墙与地面铺贴瓷砖，可减少卫生间潮气对水泥墙面的侵蚀，保护建筑结构；在墙面涂刷乳胶漆，可以有效地保护水泥层不被腐蚀。

（三）使用功能

装饰材料除具有装饰功能与保护功能以外，根据装饰部位的具体情况，有的还具有一定的使用功能。不同部位与场合使用的装饰材料及构造方式应该满足相应的功能需求。例如，居民在吊顶时使用纸面石膏板、在地面铺设实木地板，均可起到保温、隔声、隔热的作用，提高生活质量；在庭院地面铺设粗糙的天然石板与鹅卵石，有助于人们行走时按摩脚底，同时有防滑排水的作用。

二、装饰材料分类

现代装饰材料更新换代很快，种类也较多。不同的装饰材料用途不同，性能也千差万别。装饰材料的分类方法很多，常见的分类有以下四种。

（一）按材料的材质分类

按材料的材质，装饰材料主要分为：有机高分子材料，如木材、塑料、有机涂料等；无机非金属材料，如玻璃、天然石材、瓷砖、水泥等；金属材料，如铝合金、不锈钢、铜制品等；复合材料，如人造石、彩色涂层钢板、铝塑板、真石漆等。

（二）按材料的燃烧性分类

按材料的燃烧性，装饰材料主要分为：A 级材料，具有不燃性，在空气中遇到明火或在高温作用下不燃烧，如天然石材、金属、玻化砖等；B1 级材料，具有难燃性，在空气中遇到明火或在高温作用下难起火、难碳化，当火源移走后，燃烧或微燃烧会立即停止，如装饰防火板、阻燃墙纸、纸面石膏板、矿棉吸音板等；B2 级材料，具有可燃性，在空气中遇到明火或在高温作用下立即起火或微燃，将火源移走后仍能继续燃烧，如木芯板、胶合板、木地板、地毯等；B3 级材料，具有易燃性，在空气中遇到明火或在高温作用下迅速燃烧，且火源移走后仍能继续燃烧，如油漆、纤维织物等。

（三）按材料的使用部位分类

按材料的使用部位，装饰材料主要分为：外墙装饰材料，如天然石材、玻璃制品、水泥制品、金属、外墙涂料等；内墙装饰材料，如陶瓷墙面砖、装饰板材、内墙涂料、墙纸等；地面装饰材料，如地板、地毯、玻化砖等；顶棚装饰材料，如石膏板、金属扣板、硅钙板等。

（四）按材料的商品形式分类

按材料的商品形式，装饰材料主要分为：成品板材、陶瓷、玻璃、壁纸织物、油漆涂料、胶凝材料、金属配件、成品型材等。这种分类形式最直观、最普遍，为大多数专业人士所接受。

第三节　建筑装饰材料的性质与选用

一、建筑装饰材料的性质

建筑装饰材料的性质主要包括物理性质、力学性质、耐久性等。

（一）装饰材料的物理性质

装饰材料的物理性质可分为与质量有关的性质、与水有关的性质、与热有关的性质、与声学有关的性质。下面着重介绍后三种。

1.材料与水有关的性质

（1）亲水性与憎水性

当材料与水接触时，有些材料能被水润湿，有些材料则不能被水润湿。能被水润湿的材料具有亲水性，不能被水润湿的材料具有憎水性。

关于材料被水润湿的情况，可用润湿边角 θ 表示（如图 1-1）。θ 角越小，表示材料越易被水润湿。一般认为，当润湿边角 $\theta \leqslant 90°$ 时，水分子之间的内聚力小于水分子与材料分子间的相互吸引力，此种材料称为亲水性材料。当 $\theta>90°$ 时，水分子之间的内聚力大于水分子与材料分子间的吸引力，则材料表面不会被水浸润，此种材料称为憎水性材料。当 $\theta=0°$ 时，该材料能完全被水润湿。

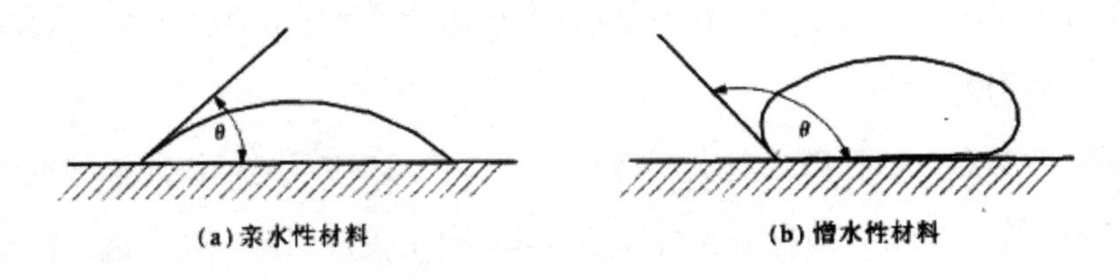

图 1-1　材料被水润湿示意图

（2）吸水性

吸水性是材料在水中吸收水分的性质。材料吸水性的大小，以吸水率表示。吸水率（W）由式 1-1 计算：

$$W=\frac{m_1-m}{m}\times 100\% \qquad \text{（式 1-1）}$$

式中：W——材料的质量吸水率，%；

m——材料在干燥状态下的质量，g；

m_1——材料在吸水饱和状态下的质量，g。

在多数情况下，吸水率是按质量计算的，即质量吸水率。但是也有按体积计算的，即体积吸水率（材料在浸水饱和状态下所吸收的水分的体积与材料在自然状态下的体积之比）。

（3）吸湿性

材料在潮湿空气中吸收水分的性质，称为吸湿性。吸湿性的大小用含水率表示。含水率就是用材料所含水的质量与材料干燥时的质量的百分比。材料吸湿或干燥至与空气湿度相平衡时的含水率称为平衡含水率。材料在正常使用状态下，处于平衡含水状态。平衡吸水率是随空气中湿度和温度的变化而变化的。

（4）耐水性

耐水性是指材料长期在饱和水作用下，保持其原有的功能，抵抗破坏的能力。

对于结构材料，耐水性主要指强度变化；对于装饰材料，则主要指颜色、光泽、外形等变化，以及是否起泡、起层等。也就是说，材料不同，耐水性的表示方法也不同。如建筑涂料的耐水性常以是否起泡、脱落等来表示，而结构材料的耐水性用软化系数（材料在吸水饱和状态下的抗压强度与材料在绝干状态下的抗压强度之比）来表示。

（5）抗冻性

抗冻性是指材料在吸水饱和状态下，在多次冻融循环的作用下，保持其原有的性能，抵抗破坏的能力。

材料孔隙率和开口孔隙率越大（特别是开口孔隙率），则材料的抗冻性越差。材料孔隙中的充水程度越高，则材料的抗冻性越差。对于受冻材料，吸水饱和状态是最不利的状态。比如陶瓷材料吸水饱和受冻后，最易出现脱落、掉皮等现象。

2.材料与热有关的性质

（1）导热性

导热性是指材料传递热量的性质。导热性用导热系数表示。通常说，金属材料、无机材料、晶体材料的导热系数分别大于非金属材料、有机材料、非晶体材料。导热系数的大小取决于材料的组成、孔隙率、孔隙尺寸、孔隙特征以及含水率等。

（2）耐燃性

材料抵抗燃烧的性质，称为材料的耐燃性。材料的耐燃性是影响建筑物防火和耐火等级的重要因素。建筑装饰材料按其燃烧性能分为四类，具体可参考前文内容。

（3）耐火性

耐火性是指材料在长期高温作用下，能保持其结构和性能基本稳定的性质。金属材料、玻璃等虽属于不燃性材料，但在高温或火的作用下在短时间内会变形、熔融，因而不属于耐火材料。

建筑材料或构件的耐火极限常用时间来表示，即按规定方法，从材料受到火的作用时间起，直到材料失去支持能力、完整性，被破坏或失去隔火作用的时间，以 h 或 min 计。如无保护层的钢柱，其耐火极限仅有 0.25 h。

（4）耐急冷急热性

材料抵抗急冷急热的交替作用，并能保持其原有性质的能力，称为材料的耐急冷急热性，又称为材料的抗热震性或热稳定性。

许多无机非金属材料在急冷急热交替作用下，易产生巨大的温度应力而开裂或炸裂，如瓷砖、釉面砖等。

3.材料与声学有关的性质

（1）吸声性

吸声性是指材料在空气中能够吸声的能力。当声波传播到材料的表面时，一部分声波被反射，另一部分穿透材料，其余部分则传递给材料。一般而言，轻质多孔材料的吸声效果较好。对于同一种吸声材料，孔隙率越大，吸声效果越好；细小、开放的连通孔越多，吸声性能越好。常用的吸声材料有石膏板、木丝板、吸声蜂窝板、毛毡等。

（2）隔声性

在建筑装饰工程中，材料的吸声性和隔声性，是一个统一体的两个同等重要的方面。要创造一个优良的工作、学习和生活空间，防止噪声的干扰非常重要。要想防止噪声干扰，一方面需要隔声，另一方面需要吸声，而隔声比吸声更为重要。声波在建筑结构中传播，主要通过空气和固体来实现。因此，隔声分为隔空气声和隔固体声两种途径。

（二）装饰材料的力学性质

1.材料的强度

材料在外力作用下抵抗破坏的能力，称为材料的强度。从本质上说，材料的强度实际是材料内部质点间结合力强弱的表现。建筑装饰材料受外力作用时，内部就产生应力。外力增加，应力相应增大，直至材料内部质点结合力不足以抵抗所作用的外力时，材料即发生破坏，此时的应力值就是材料的强度，也称极限强度。

根据外力作用形式的不同，建筑装饰材料的强度有抗拉强度、抗压强度、抗剪强度及抗弯强度。对于内部构造为非均质的材料，其抵抗不同方向的外力时强度也不同。如木材为纤维结构，其顺纹方向的抗拉强度比横纹方向的抗拉强度要高许多；混凝土、砖、石材等材料的抗压强度很高，但抗拉、抗弯、抗剪强度却很低。

2.材料的比强度

比强度是指按单位体积质量计算的材料强度，即材料的强度与其表观密度之比。在高层建筑及大跨度结构工程中常采用比强度较高的材料。这类轻质高强材料是未来建筑及装饰材料发展的主要方向。

3.硬度

硬度是材料抵抗较硬物体压入或刻划的能力。硬度的表示方法有布氏硬度、肖氏硬度、洛氏硬度、韦氏硬度、邵氏硬度和莫氏硬度等。由于测试硬度的方法不同，故而硬度的表示方法也有所不同。布氏硬度、肖氏硬度、洛氏硬度、韦氏硬度都用钢球压入法测定试样，钢材、木材、混凝土、矿物材料等多采用此法；莫氏硬度、邵氏硬度通常用压针法测定试样，非金属材料一般用此方法测定。

耐磨性是指材料表面抵抗磨损的能力，耐磨性用磨损率表示。材料的耐磨性与其硬度、强度及内部构造有关。

4.弹性、塑性、脆性与韧性

（1）弹性

材料在外力作用下发生形变，外力消失后能恢复到原来大小和形状的性质，称为材料的弹性。这种完全恢复的变形，称为弹性变形。

（2）塑性

在外力作用下材料发生形变，在外力消失后，有一部分形变不能恢复，这种性质称为材料的塑性。这种不能恢复的变形，称为塑性变形。

（3）脆性

脆性指材料受到一定程度的力后突然被破坏，而破坏时并无明显塑性变形的性质。其特点是材料在接近破坏时，形变仍很小。混凝土、玻璃、砖、石材及陶瓷等属于脆性材料，它们抵抗冲击作用的能力较差，但是抗压强度较高。

（4）韧性

韧性指材料在冲击、震动荷载的作用下，能够吸收较大的能量，同时也能发生一定的形变而不致被破坏的性质。用作桥梁地面、路面及吊车梁等的材料，都要求具有较高的韧性。

（三）装饰材料的耐久性

材料的耐久性是材料的一项综合性质。材料长期抵抗各种内外破坏因素或腐蚀介质的作用，保持其原有性质的能力称为材料的耐久性。一般包括耐磨性、耐水性、耐热性、耐光性、抗渗性、抗老化性、耐溶蚀性、耐玷污性等。

工程的重要性及所处环境不同，则对材料耐久性的要求也不同。如地面用装饰材料须具有一定的硬度和耐磨性；在有冰冻地区的建筑物外墙、屋顶用的装饰材料须具有一定的抗冻性；处在潮湿环境的建筑物，其装饰材料须具有一定的耐水性、抗渗性等。此外，材料耐久性寿命的长短是相对的，如对于花岗石，要求其耐久性寿命为75～200年，而对于质量好的外墙涂料，则要求其耐久性寿命为10～15年。

影响材料耐久性的因素有外部因素和内部因素之分。

1.外部因素

外部因素包括如下几方面。

化学作用：包括大气和环境水中的酸、碱、盐等溶液或其他有害物质对材料的侵蚀作用，以及日光、紫外线等对材料的作用。

物理作用：包括环境温度、湿度的交替变化，即冷热、干湿、冻融等循环作用。材料经受这些作用后，将发生膨胀、收缩。长期的反复作用，将使材料渐渐遭受破坏。在寒冷地区，冻融变化对材料的破坏作用更为明显。

生物作用：包括菌类、昆虫等的侵害作用，会导致材料发生腐朽、虫蛀而被破坏。

机械作用：包括持续荷载和交变荷载对材料的作用，从而引起材料的疲劳、冲击、磨损等。

2.内部因素

内部因素包括材料的组成和结构、强度、孔隙率及空隙特征、表面特征等。内部因素也是造成装饰材料耐久性下降的根本原因。如无机非金属材料在温度剧变时容易开裂，即材料耐急冷急热性差，如玻璃、陶瓷产品；材料的孔隙率大，开口孔隙率大，其耐久性也差。

二、建筑装饰材料的选用

选择装饰材料要把握好材料的应用方式与价值。一味使用常规材料的确“轻车熟路”，但长此以往就会缺乏创新精神，使环境空间的设计毫无生气；突破常规选用新型材料，又很难把握新型材料的特性与运用方式。故而，要想合理运用装饰材料，就要分清装饰的本末与主次，比如在大多数装饰界面上可以选用常规材料，在细节表现上可以适当选用时尚、别致的新型材料。

（一）材料外观

装饰材料的外观主要指材料的形状、质感、纹理、色彩等方面的直观效果。材料的形状、质感、色彩的图案应与空间氛围相协调。对于空间宽大的大堂、门厅，装饰材料的表面组织可粗犷而坚硬，并可采用大线条的图案，以突出宏伟的气势；对于相对窄小的空间，如客房，就要选择质感细腻的材料。总之，合理利用装饰材料外观效果能使环境空间显得层次分明。

（二）材料功能

选择装饰材料应该结合使用场所的特点，以保证这些场所具备相应的功能。建筑室内的气候条件，特别是温度、湿度、楼层高低等情况，对装饰选材有着极大的影响。例如，南方地区气候潮湿，应当选用含水率低、复合元素多的装饰材料，而北方地区或高层建筑与之相反；1～2 层建筑室内光线较弱，应该选用色彩亮丽、明度较高的饰面材料。不同材料有不同的质量等级，不同装饰部位应该选用不同品质的材料。例如，厨房的墙面砖应选择防火、耐高温、遇油污易清洗的优质砖材，不宜选择廉价材料；而阳台、露台的使用频率不高，地面可选用经济型饰面砖。

（三）材料搭配

选用装饰材料时，还应该考虑配套的完整性。认真比较主材与各配件材料之间的连接问题，对同类材料进行多方面比较，寻找最合理的搭配方式。例如，特殊色泽的木地板是否能在市场上找到相配的踢脚线，成品橱柜内的金属构件是否能在市场上找到相应的更换品等。

此外，还应该特别注意基层材料的搭配。例如，廉价、劣质的水泥砂浆及防水剂会造成墙面砖破裂、脱落；使用劣质木芯板、饰面板制作的家具容易变形；等等。

（四）材料价格

目前，装修费用一般占建设项目总投资的 50%～70%。装饰设计应从长远性、经济性的角度来考虑，充分利用有限的资金取得最佳的使用效果与装饰效果，做到既能满足装饰空间目前的需要，又能考虑到以后的变化。对于材料价格，应慎重考虑，它关系到投资者与使用者的经济承受能力。材料的价格受不同地域资源情况、供货能力等因素影响，在选择过程中要做到货比三家，在市场上多看、多比较，根据实际情况选择材料的档次。总之，在选用装饰材料时，应该充分考虑装饰材料的性价比，使装修设计、施工更合理、更经济。

第二章　玻璃装饰材料

第一节　玻璃的分类与性质

一、玻璃的分类

玻璃是一种透明的半固体、半液体物质在熔融时形成连续网络结构，冷却过程中黏度逐渐增大并硬化而不结晶的硅酸盐类非金属材料。

玻璃是建筑工程中的一种装修材料，具有透光、透视、隔绝空气流通、隔音和隔热保温等性能。建筑工程中应用的玻璃种类很多，有平板玻璃、磨砂玻璃、磨光玻璃及钢化玻璃等，其中平板玻璃应用最广泛。

玻璃按主要化学成分可分为氧化物玻璃和非氧化物玻璃。非氧化物玻璃的品种和数量很少，主要有硫系玻璃和卤化物玻璃。氧化物玻璃又分为硅酸盐玻璃、硼酸盐玻璃和磷酸盐玻璃等。硅酸盐玻璃指基本成分为二氧化硅的玻璃，其品种多，用途广。

按玻璃中二氧化硅、碱金属和碱土金属氧化物的不同含量，玻璃可分为石英玻璃、高硅氧玻璃、钠钙玻璃、铝硅酸盐玻璃、铅硅酸盐玻璃和硼硅酸盐玻璃等；按性能特点，玻璃可分为平板玻璃、装饰玻璃、节能玻璃、安全玻璃和特种玻璃等；按生产工艺，玻璃可分为普通平板玻璃、浮法玻璃、钢化玻璃、压花玻璃、夹丝玻璃、中空玻璃、彩色玻璃、吸热玻璃、热反射玻璃、磨砂玻璃、电热玻璃和夹层玻璃等。

根据玻璃的功能和用途，玻璃还可以分为如表 2-1 所示的几类。

表 2-1　玻璃按功能和用途分类

类别	玻璃品种
平板玻璃	普通平板玻璃、高级平板玻璃（浮法玻璃）
声、光、热控制玻璃	热反射膜镀膜玻璃、低辐射镀膜玻璃、导电膜镀膜玻璃、磨砂玻璃、喷砂玻璃、压花玻璃、中空玻璃、泡沫玻璃、空心玻璃砖等
安全玻璃	夹丝玻璃、夹层玻璃、钢化玻璃等
装饰玻璃	彩色玻璃、压花玻璃、磨花玻璃、喷花玻璃、冰花玻璃、刻花玻璃、磨光玻璃、镜面玻璃、彩釉钢化玻璃、玻璃大理石、激光玻璃等
特种玻璃	防辐射玻璃（铅玻璃）、防盗玻璃、电热玻璃、吸热玻璃、防火玻璃等
玻璃纤维及制品	玻璃棉、毡、板，玻璃纤维布、带、纱等

二、玻璃的基本性质

（一）玻璃的密度

玻璃内几乎无孔隙，属于致密材料。其密度与化学成分有关，含有重金属离子时密度较大，含大量氧化铅的玻璃密度可达 6 500 kg/m^3，普通玻璃的密度为 2 500～2 600 kg/m^3。

（二）玻璃的光学性质

光线射入玻璃时，玻璃会对光线进行透射、反射和吸收等。玻璃透光能力的大小，用可见光透射比表示；玻璃对光的反射能力，用反射比表示；玻璃对光线的吸收能力，用吸收比表示。

（三）玻璃的热工性质

玻璃的热工性质主要指其导热性、热膨胀性和热稳定性。玻璃是热的不良导体，玻璃的比热容一般为（0.33～1.05）$\times 10^3$ J/（g·K）。在通常情况下，玻璃的比热容随温度升高而增加。它还与玻璃的化学成分有关，当玻璃含 Li_2O、SiO_2、B_2O_3 等氧化物时，其比热容增大；含 PbO、BaO 时，其比热容减少。

玻璃的热膨胀性比较明显。不同成分的玻璃，热膨胀性差别很大。可以制得与某种金属膨胀性相近的玻璃，以实现玻璃与金属之间紧密封接。玻璃的热稳定性主要受热膨胀系数影响，玻璃热膨胀系数越小，热稳定性越高。此外，玻璃越厚、体积越大，热稳定性越差；带有缺陷的玻璃，特别是带结石、条纹的玻璃，热稳定性也差。

（四）玻璃的力学性质

玻璃的抗压强度高，一般为600～1 200 MPa；抗拉强度低，为40～80 MPa。故玻璃在冲击力作用下易破碎，是典型的脆性材料。

玻璃的弹性模量受温度的影响很大，玻璃在常温下具有弹性，普通玻璃的弹性模量为（6～7.5）×10^4 MPa，为钢的1/3，与铝相近。但随着温度升高，其弹性模量下降，出现塑性变形。一般玻璃的莫氏硬度为6～7。

（五）玻璃的化学性质

玻璃具有较高的化学稳定性，在通常情况下，对酸、碱及化学试剂或气体等具有较强的抵抗能力，并能抵抗除氢氟酸以外的各种酸类的侵蚀。但是若长期受到侵蚀介质的腐蚀，玻璃也能被破坏，如风化、发霉都会导致玻璃外观的破坏和透光能力的降低。

第二节　玻璃的装饰应用

一、平板玻璃

平板玻璃是指未经其他加工的平板玻璃制品，也称白片玻璃或净片玻璃。平板玻璃具有透光、隔热、隔声、耐磨和耐气候变化的特点，有的还有保温、吸热和防辐射等特性。按生产方法的不同，平板玻璃可分为无色透明平板玻璃和本体着色平板玻璃。平板玻璃主要用于一般建筑的门窗，起采光、围护、保温和隔声作用；同时也是深加工为具有特殊功能玻璃的基础材料，是建筑玻璃中生产量最大、使用最多的一种玻璃。

（一）平板玻璃的特性

平板玻璃具有良好的透视性，透光性能好（如 3 mm 和 5 mm 厚的无色透明平板玻璃的可见光透射比分别为 88%和 86%），对太阳光中近红外热射线的透过率较高，但对可见光折射至室内墙顶、地面和家具、织物而反射产生的远红外长波热射线却能有效阻挡，故可产生明显的“暖房效应”。无色透明平板玻璃对太阳光中紫外线的透过率较低。

（二）平板玻璃的用途

平板玻璃的主要用途有两个：一个是 3～5 mm 厚的平板玻璃一般直接用于门窗的采光，8～12 mm 厚的平板玻璃可用于制作隔断、制作玻璃构件；另一个是作为钢化、夹层、镀膜、中空等深加工玻璃的原片。

二、声、光、热控制玻璃

（一）中空玻璃

中空玻璃是由两层或两层以上的平板玻璃原片构成的，在玻璃原片与铝合金框、橡皮密封条四周，用高强度、高气密性复合胶黏剂将其密封，中间充入干燥剂和干燥气体，还可敷贴涂抹各种颜色和性能的薄膜。

中空玻璃原片可使用平板、压花、钢化、热反射、吸热或夹丝等玻璃。其制造方法分焊接法、胶结法和熔接法。

1.中空玻璃的特点

（1）隔声性能好

中空玻璃具有较好的隔声性能，一般可使噪声下降 30～40 dB。

（2）避免冬季窗户结露

在室内一定的相对湿度下，当玻璃表面达到某一温度时，出现结露，直至结霜（0℃以下）。这一结露的温度叫作露点。玻璃结露后将严重影响透视和采光，并引起其他不良效果。中空玻璃的露点很低，在通常情况下，中空玻璃接触室内高湿度空气的时候，玻璃表面温度较高，而外层玻璃虽然温度低，但接触的空气湿度也低，所以不会结露。

（3）隔热性能好

中空玻璃内密闭的干燥空气是良好的保温隔热材料。其导热系数与常用的3～6 mm单层透明玻璃相比大大降低。

表2-2是中空玻璃与其他材料的导热系数的比较。

表2-2　中空玻璃与其他材料的导热系数的比较

材料名称	导热系数/[W·（m·K）$^{-1}$]
3 mm透明平板玻璃	6.45
5 mm透明平板玻璃	6.34
6 mm透明平板玻璃	6.28
12 mm双层透明中空玻璃	3.59
22 mm双层透明中空玻璃	3.17
100 mm厚混凝土墙	3.26
240 mm厚一面抹灰砖墙	2.09
20 mm厚木板	2.67
21 mm三层透明中空玻璃	2.67
33 mm三层透明中空玻璃	2.43

2.中空玻璃的用途

中空玻璃具有优良的隔热、隔声和防结露性能。中空玻璃主要用于需要采暖、防噪声、控制结露、调节光照等建筑物上，或要求较高的建筑场所（如宾馆、住宅、医院、商场、写字楼等），也可用于需要空调的车、船的门窗等。但中空玻璃是在工厂按尺寸生产的，现场不能切割加工，所以使用前必须选好尺寸。

（二）热反射玻璃

热反射玻璃是在普通平板玻璃的表面用一定的工艺将金、银、铝、铜等金属氧化物喷涂上去形成金属薄膜，或用电浮法等向玻璃表面渗入金属离子，以替换原有的离子而形成薄膜，又称阳光控制镀膜玻璃。

生产这种镀膜玻璃的方法有热分解法、喷涂法、浸涂法、金属离子迁移法、真空镀膜、真空磁控溅射法、化学浸渍法等。

1.热反射玻璃的分类

热反射玻璃从颜色上分为灰色、青铜色、茶色、金色、浅蓝色、棕色、古铜色和褐色等，从性能上分为热反射、减反射、中空热反射和夹层热反射玻璃等。

2.热反射玻璃的用途

热反射玻璃具有良好的节能和装饰效果，主要用于避免由于太阳辐射而增热及设置空调的建筑。热反射玻璃适用于各种建筑物的门窗、汽车和轮船的玻璃窗、玻璃幕墙及各种艺术装饰。采用热反射玻璃还可制成中空玻璃或夹层玻璃窗，以提高其绝热性能。如用热反射玻璃与透明玻璃组成带空气层的隔热玻璃幕墙，其遮蔽系数仅有 0.1 左右。这种玻璃幕墙的导热系数约为 1.74 W/（m・K），比一砖厚两面抹灰的砖墙保温性还要好。但热反射玻璃幕墙使用不恰当或使用面积过大会造成光污染和建筑物周围温度升高，影响环境。

3.热反射玻璃的性能特点

（1）对太阳辐射热有较强的反射能力

普通平板玻璃的热反射率为 7%～8%，而热反射玻璃的热反射率可达 30%左右。

（2）具有单向透像的特性

热反射玻璃表面的金属膜极薄，这使它在迎光面具有镜子的特性，而在背光面则又像普通玻璃那样透明。当人们站在镀膜玻璃幕墙建筑物前，展现在眼前的是一幅反映周围景色的画面，却看不到室内的景象；但当进入建筑物内部时，人们看到的是一个内部装饰与外部景色融合在一起的无限开阔的空间。

热反射玻璃具有以上两种可贵的特性，这为建筑设计的创新提供了独特的条件。

（三）空心玻璃砖

空心玻璃砖是由两个凹型玻璃砖坯（如同烟灰缸）熔接而成的玻璃制品。砖坯扣合、周边密封后中间形成空腔，空腔内有干燥并带微负压的空气。空心玻璃砖的玻璃壁厚度为 8～10 mm，在内侧压有多种花纹，拥有独特的采光性能，是一种高贵典雅的建筑装饰材料。

1.空心玻璃砖的品种与规格

空心玻璃砖分为单腔和双腔两种。双腔空心玻璃砖是在两个凹形半砖之间夹有一层玻璃纤维网，从而形成两个空气腔，具有很高的热绝缘性，但一般多采用单腔空心玻璃砖。

空心玻璃砖的常用规格为：190×190×80、145×145×80、145×145×95、190×190×50、190×190×95、240×240×80、240×115×80、115×115×80、190×90×80、300×300×80、300×300×100、190×90×90、190×95×80、190×95×100、197×197×79、197×197×98、197×95×79、1 97×95×98、197×146×79、197×146×98、298×298×98、197×197×51（单位：mm×mm×mm）。

2.空心玻璃砖的特性

（1）透光性

空心玻璃砖具有较高的透光性能，在垂直光源照射下，其透光度为60%～75%（有花纹）；透明无花纹的空心玻璃砖的透光度和普通双层玻璃相近，在75%左右；茶色玻璃砖的透光性为50%～60%，它比镀膜玻璃的透光性好，优于其他有色玻璃。

（2）隔热保温性

空心玻璃砖的隔热性能良好，导热系数为2.9～3.2 W/（m·K）。阳光穿过空心玻璃砖产生漫散射可隔绝一部分热辐射，再加上砖内空腔的隔热作用，使得由玻璃砖砌筑的外墙具有很好的隔热作用，可获得冬暖夏凉的效果，达到节约能源的目的。

（3）隔声性

空心玻璃砖由于有空腔，故其隔声效果比普通玻璃好。隔声值约为50 dB，如果采用双层空心玻璃砖，中间设50 mm空间层砌隔断墙，则隔声效果更佳，其隔声值为60 dB左右。

（4）防火性

空心玻璃砖属于不燃烧体，在有火情发生时，能有效地阻止火势蔓延，为及早控制火势、减少损失争取时间。但空心玻璃砖不能防止热辐射的穿透。普通空心玻璃砖墙体的耐火时间为1 h。

（5）抗压强度

空心玻璃砖的抗压强度远远高于普通玻璃的强度，其单体的抗压强度约为9 MPa，这是由于砖自身形成中空密闭的一个整体，使其承压强度大大提高。

3.空心玻璃砖的用途

空心玻璃砖一般用来砌筑非承重的透光墙壁，如建筑物的内外隔墙、淋浴隔断、门厅、通道等，特别适用于商场、舞厅、展厅、办公楼、体育馆、图书馆等场所。

三、安全玻璃

（一）夹丝玻璃

夹丝玻璃是将普通平板玻璃加热到红色热软化状态，再将通热处理后的钢丝网或钢丝压入玻璃中间而制成的安全玻璃。在夹丝玻璃中的钢丝网能提高夹丝玻璃的抗折强度和耐温变性，夹丝玻璃破碎时虽然会出现许多裂缝，但其碎片仍附着在钢丝网上，不至于四处飞溅而伤人。当遇到火灾时，由于夹丝玻璃具有破而不裂、裂而不散的特性，能有效地隔绝火焰，起到防火作用，故而它又被称为“防火玻璃”。

1.夹丝玻璃的规格与种类

我国生产的夹丝玻璃产品可分为夹丝压花玻璃和夹丝磨光玻璃两类。夹丝压花玻璃在一面压有花纹，因而透光而不透视；夹丝磨光玻璃是对其表面进行磨光的夹丝玻璃，可透光、透视。

夹丝玻璃的常见厚度有 6 mm、7 mm、10 mm，常见尺寸（长度×宽度）有 1 000 mm×800 mm、1 200 mm×900 mm、2 000 mm×900 mm、1 200 mm×1 000 mm、2 000 mm×1 000 mm 等。

2.夹丝玻璃的特性

夹丝玻璃与普通平板玻璃相比，耐冲击性和耐热性更好，在外力作用和温度急剧变化时破而不缺、裂而不散，具有一定的防火性能。

夹丝玻璃由于在玻璃中镶嵌了金属物，实际上破坏了玻璃的均一性，降低了玻璃的机械强度。

3.夹丝玻璃的应用

夹丝玻璃可以作为防火材料用于防火门窗，也可用于易受冲击的地方或者玻璃飞溅可能导致危险的地方，如建筑物的天窗、顶棚顶盖及易受震动的门窗部位。彩色夹丝玻璃因具有良好的装饰功能，可用于阳台、楼梯、电梯等处。

（二）夹层玻璃

夹层玻璃，即在两片或多片平板玻璃之间嵌夹透明塑料薄片（多为聚乙烯醇缩丁醛胶片，即PVB胶片），经加热、加压、黏合而成的平面或曲面的复合玻璃制品。夹层玻璃也属于安全玻璃的一种。

1.夹层玻璃的品种与规格

夹层玻璃的品种很多，建筑工程中常用的有减薄夹层玻璃、遮阳夹层玻璃、电热夹层玻璃、防弹夹层玻璃、报警夹层玻璃、防紫外线夹层玻璃等。夹层玻璃的层数分为2、3、5、7层等，最多可达9层。对于两层的夹层玻璃，原片厚度一般常用（2+3）mm、（3+3）mm、（5+5）mm等，其弯曲度不可超过0.3%。

2.夹层玻璃的特性

由于夹层玻璃的原片一般采用平板玻璃、钢化玻璃或热反射玻璃等制成，因此夹层玻璃的透明度好，抗冲击性能要比一般平板玻璃高好几倍。通过采用不同的原片玻璃，夹层玻璃还可具有耐久、耐热、耐湿、耐寒等性能，同时具有节能、隔声、防紫外线等功能。

3.夹层玻璃的应用

夹层玻璃有着较高的安全性，一般用于高层建筑的门窗、天窗和商店、银行、珠宝店的橱窗、隔断等处。曲面夹层玻璃可用于升降式观光电梯、商场宾馆的旋转门；防弹夹层玻璃可用于银行、证券公司、保险公司等金融企业的营业厅及金银首饰店等场地的柜台。

（三）钢化玻璃

钢化玻璃（又称强化玻璃）是将普通浮法玻璃先切成要求尺寸，然后加热到接近软化温度（700 ℃左右），再进行快速冷却，使玻璃表面形成压应力而制成。其外观质量、厚度偏差、透光率等性能指标几乎与玻璃原片无异。

1.钢化玻璃的加工

（1）物理钢化玻璃

物理钢化玻璃又称为淬火钢化玻璃。物理钢化玻璃的加工方法是：普通平板玻璃在加热炉中加热到接近玻璃的软化温度时，通过自身的形变消除内部应力，然后将玻璃移出加热炉，再用多头喷嘴将高压冷空气吹向玻璃的两面，使其迅速且均匀地冷却至室温，即可制得物理钢化玻璃。

这种玻璃处于内部受拉、外部受压的应力状态，一旦局部发生破损，便会发生应力释放，会破碎成无数小块，这些小的碎块没有尖锐棱角，不易伤人。因此，物理钢化玻璃是一种安全玻璃。

（2）化学钢化玻璃

化学钢化玻璃是通过改变玻璃表面的化学组成来提高玻璃的强度，一般是应用离子交换法对玻璃进行钢化处理。

化学钢化玻璃强度虽高，但是其破碎后易形成尖锐的碎片。因此，一般不作为安全玻璃使用。

2.钢化玻璃的特性

以下所述钢化玻璃指物理钢化玻璃。

（1）机械强度高

玻璃经钢化处理产生了均匀的内应力，使其表面具有预压应力。它的机械强度比经过良好的退火处理的玻璃高 3～10 倍，抗冲击性能也有较大提高，其抗折强度可达 125 MPa 以上。钢化玻璃的抗冲击强度也很高，用钢球法测定时，0.8 kg 的钢球从 1.2 m 的高度落到钢化玻璃上，钢化玻璃可保持完整而不破碎。

（2）弹性好

钢化玻璃的弹性比普通玻璃好很多，如一块 1 200 mm×350 mm×6 mm 的钢化玻璃，受力后可发生达 100 mm 的弯曲挠度，当外力撤除后，仍能恢复原状。而普通玻璃弯曲变形只能有几毫米，否则将发生折断破坏。

（3）热稳定性高

钢化玻璃强度高，热稳定性也较高，在受急冷急热作用时，不易发生炸裂。钢化玻璃耐热冲击性良好，最高安全工作温度为287.78 ℃，能承受204.44 ℃的温差变化。

3.钢化玻璃的用途

由于钢化玻璃具有较好的机械性能和热稳定性，因此在很多领域内得到了广泛的应用。钢化玻璃制品主要包括平面钢化玻璃、曲面钢化玻璃、半钢化玻璃、区域钢化玻璃等。平面钢化玻璃常用作建筑物的门窗、隔墙、幕墙及橱窗、家具等，曲面钢化玻璃常用于汽车、火车、船舶、飞机等。

钢化玻璃不宜用于有防火要求的门窗、隔断等处，因为钢化玻璃受高温后会破损，将不能起到阻止火势蔓延的作用。

四、装饰玻璃

（一）烤漆玻璃

烤漆玻璃，是一种极富表现力的装饰玻璃，具有良好的市场前景，可以通过喷涂、滚涂、丝网印刷或者淋涂等方式制作。烤漆玻璃分平面烤漆玻璃和磨砂烤漆玻璃两种，是在玻璃的背面喷漆，然后将其置于30 ℃～45 ℃的烤箱中烤8～12 h制成的。一些烤漆玻璃采用自然晾干的方式，不过自然晾干的漆面附着力比较小，在潮湿的环境下容易脱落。众所周知，油漆对人体具有一定的危害性，为了满足现代人对健康和环保的要求，相关企业在制作烤漆玻璃时应当采用环保原料和涂料。

烤漆玻璃有装饰性、耐水性、耐酸碱性和耐候性等特性。

1.装饰性

烤漆玻璃具有超强的装饰性，绚丽鲜艳的颜色无论应用在室内还是室外，在视觉上都会让人耳目一新。

2.耐水性

烤漆玻璃的漆面具有防水性能，无论在水中浸泡多久，漆面始终如一，不会褪色。

3.耐酸碱性

烤漆玻璃不会受到酸碱的侵蚀，这是普通装饰玻璃无法做到的。

4.耐候性

烤漆玻璃不受环境及地域的影响，一年四季都可以保证较强的可装饰性。

（二）激光玻璃

激光玻璃是以玻璃为基材的新一代建筑装饰材料，特征是经特种工艺处理后玻璃背面出现全息光栅或其他几何光栅，在光源的照耀下，产生七彩光。对同一感光点或感光面，随光源入射角度或人们观察角度的变化，激光玻璃会产生颜色变化，使被装饰物显得华贵、高雅，给人以美妙、神奇的感觉。

1.激光玻璃的产品规格

（1）一般产品规格

长×宽：300 mm×300 mm、400 mm×400 mm、500 mm×500 mm、500 mm×1 000 mm。

（2）地砖类产品标准规格

长×宽：500 mm×500 mm、600 mm×600 mm。

（3）激光玻璃包柱规格

一般激光玻璃包柱规格为ф300 mm、ф400 mm、ф500 mm、ф600 mm、ф700 mm、ф800 mm、ф900 mm、ф1 000 mm、ф1 100 mm、ф1 200 mm、ф300 mm、ф400 mm、ф1 500 mm。

2.激光玻璃的特性

激光玻璃的厚度比花岗石、大理石薄，与瓷砖相仿，安装成本低。激光钢化玻璃地砖的抗冲击、耐磨、硬度指标均优于大理石，与高档花岗石相仿。激光玻璃价格相当于中档花岗石。

激光玻璃的反射率可在10%～90%的范围内按用户需要进行调整，以满足不同的建筑装饰要求。

3.激光玻璃的用途

激光玻璃主要适用于酒店、宾馆及各种商业、文化、娱乐设施的装饰。比如，内外墙面、商业门面、招牌、地砖、桌面、吧台、隔台、柱面、顶棚、雕塑贴画、艺术屏风、高级喷水池、发廊、金鱼缸、灯具等方面。

第三章　金属与塑料装饰材料

第一节　金属装饰材料

一、金属装饰材料的分类

金属装饰材料分为黑色金属和有色金属两大类。黑色金属包括铸铁、钢材，其中钢材主要作房屋、桥梁等的结构材料，钢材中只有不锈钢常作装饰材料使用。有色金属包括铝及铝合金、铜及铜合金、金、银等，它们被广泛地用于建筑装饰中。

用于建筑物中的金属装饰材料多种多样，这是因为金属装饰材料具有独特的光泽和颜色，与其他建筑装饰材料相比，金属更加庄重华贵、经久耐用。现代常用的金属装饰材料包括铝及铝合金、不锈钢、铜及铜合金。

（一）按材料性质分类

金属装饰材料按材料性质可分为黑色金属装饰材料、有色金属装饰材料和复合金属装饰材料。

第一，黑色金属装饰材料是指铁和铁合金形成的金属装饰材料，如碳钢、合金钢、铸铁和生铁等。

第二，有色金属装饰材料是指铝及铝合金、铜及铜合金、金和银等。

第三，复合金属装饰材料是指金属与非金属复合材料，如塑铝板和不锈钢包覆钢板等。

（二）按装饰部位分类

金属装饰材料按装饰部位可分为金属天花板装饰材料、金属墙面装饰材料、金属地面装饰材料、金属外立面装饰材料、金属景观装饰材料及金属装饰品。

第一，金属天花板装饰材料是指用于顶棚装饰的金属装饰材料，主要有铝合金扣板、铝合金方板、铝合金格栅、铝合金格片、铝塑板天花、铝单板天花、彩钢板天花、轻钢龙骨和铝合金龙骨制品等。

第二，金属墙面装饰材料是指用于墙面装饰的金属装饰材料，主要有铝单板内外墙板、铝塑板内外墙装饰板、彩钢板内外墙板、金属内外墙装饰制品和不锈钢内外墙板等。

第三，金属地面装饰材料是指用于地面装饰的金属装饰材料，主要有不锈钢装饰条板、压花钢板和压花铜板等。

第四，金属外立面装饰材料是指用于建筑外立面装饰的金属装饰材料，主要有铝单板、铝塑板、钛锌板、金属型材、铜板、铸铁、金属装饰网、配合玻璃幕墙的铝合金型材和钢型材等。

第五，金属景观装饰材料是指用于室外景观工程中的金属装饰材料，主要有不锈钢、压型钢板、铝合金型材、铜合金型材、铸铁材料和铸铜材料等。

第六，金属装饰品是指用金属及金属合金材料制作的，用于室内外、能起到装饰作用的制品，主要有不锈钢装饰品，不锈钢雕塑，铸铜、铸铁雕塑，铸铜、铸铁饰品，金属帘，金属网和金银饰品等。

（三）按材料形状分类

金属装饰材料按材料的形状可分为金属装饰板材、金属装饰型材和金属装饰管材等。

第一，金属装饰板材是指平板类的，由金属及金属合金、金属材料及非金属材料制成的金属装饰材料，主要有钢板、不锈钢板、铝合金单板、铜板、彩钢板和压型钢板等。

第二，金属装饰型材是指金属及金属合金材料经热轧等工艺制成的异型断面的材料，主要有铝合金型材、型钢和铜合金型材等。

第三，金属装饰管材是指金属及金属合金经加工制成的矩形、圆形、椭圆形和方形等截面的材料，主要有铝合金方管、不锈钢方管、不锈钢圆管、钢圆管、方钢管及铜管等。

二、金属装饰材料的性质

（一）力学性质

1.抗拉性能

拉伸是金属装饰材料主要的受力形式，因此抗拉性是表示金属装饰材料性质和选用金属装饰材料时最注意的指标，金属装饰材料受拉直至破坏一般经历四个阶段。

（1）弹性阶段

在此阶段，金属装饰材料的应力和应变成正比关系，产生的变形是弹性变形。

（2）屈服阶段

随着拉力的增加，应力和应变不再是正比关系，金属装饰材料产生了弹性变形和塑性变形。当拉力达到一定值时，即使应力不再增加，塑性变形仍明显增长，金属装饰材料出现了屈服现象，此点对应的应力值被称为屈服点或屈服强度。

（3）强化阶段

拉力超过屈服点以后，金属装饰材料又恢复了抵抗变形的能力，该阶段称为强化阶段。强化阶段对应的最高应力称为抗拉强度或强度极限。抗拉强度是金属装饰材料抵抗断裂破坏能力的指标。

（4）颈缩阶段

超过了抗拉强度以后，金属装饰材料抵抗变形的能力明显减弱，在受拉试件的某处，会迅速发生较大的塑性变形，出现颈缩现象，直至断裂。

2.冲击韧性

冲击韧性是指在冲击荷载作用下，金属装饰材料抵抗破坏的能力。金属装饰材料的冲击韧性受以下因素影响：化学组成与组织状态；轧制、焊接质量；环境温度；时效。

（二）工艺性质

1.冷弯性能

冷弯性能是指金属装饰材料在常温下承受弯曲变形的能力。金属装饰材料在弯曲过程中，受弯部位会产生局部不均匀塑性变形，这种变形在一定程度上比伸长率更能反映金属装饰材料的内部组织状况、内应力及杂质等情况。

2.耐腐蚀性

金属装饰材料的耐腐蚀性比较差，一般要经过防腐处理才能提高其耐腐蚀性。

3.可塑性

在建筑工程中，金属装饰材料绝大多数是采用各种连接方法连接的。这就要求金属装饰材料要有良好的可塑性。

4.水密性

金属装饰材料的咬合方式为立边单向双重折边并依靠机械力量自动咬合，板块连接紧密，水密性强，能有效防止毛雨入侵。其不需要用化学嵌缝胶密封防水，免除了胶体老化带来的污染和漏水问题。

三、铝及铝合金制品

（一）铝的特性

铝属于有色金属中的轻金属，强度低，但塑性好，导热性能强。铝的化学性质很活泼，在空气中易和氧气反应，在表面生成一层氧化铝薄膜，可阻止其继续被腐蚀。铝的缺点是弹性模量低、热膨胀系数大、不易焊接、价格较高。

铝具有良好的可塑性（伸展率可达 50%），可加工成管材、板材、薄壁空腹型材，还可压延成极薄的铝箔（6×10^{-3}～25×10^{-3} mm），并具有极高的光、热反射比（87%～97%）。铝的强度和硬度较低，故不能作为结构材料使用。

（二）铝合金的特性和分类

在纯铝中加入铜、镁、锰、锌、硅、铬等元素可制成铝合金。铝合金有防锈铝合金、硬铝合金、超硬铝合金、锻铝合金、铸铝合金等类型。

铝加入合金元素既保持了铝质量轻的特点，同时也提高了其机械性能，屈服强度可达 210～500 MPa，抗拉强度可达 380～550 MPa，是一种典型的轻质高强材料，使用价值大大提升。

根据化学成分和加工方法的不同，铝合金可分为变形铝合金和铸造铝合金两类。变形铝合金是指可以进行热态或冷态压力加工的铝合金，铸造铝合金是指用液态铝合金直接浇铸而成的形状复杂的制件。

铝合金由于延伸性好、硬度低、易加工，目前被广泛地用于各类房屋建筑中。

（三）常见的铝合金制品

在现代建筑中，常用的铝合金制品有铝合金门窗，铝合金装饰板及吊顶，铝及铝合金波纹板、压型板、冲孔平板，铝箔等，这些铝合金制品具有承重、耐用、装饰、保温、隔热等优良性能。

目前，我国各地所产铝合金材料已构成较完整的系列。使用时，可按需要和要求，参考有关手册和产品目录，对铝合金的品种和规格进行合理的选择。

1.铝合金门窗

铝合金门窗是由经表面处理的铝合金型材，经下料、打孔、铣槽、组装等工艺，制成门窗框构件，再与玻璃、连接件、密封件和五金配件组装成的门窗。

在现代建筑装饰中，尽管铝合金门窗比普通门窗的造价高 3～4 倍，但是因其长期维修费用低、性能好、美观、节约能源等，得到了广泛应用。

与普通的钢、木门窗相比，铝合金门窗有自重轻、密封性好、耐久性好、装饰性好、色泽美观、便于工业生产等特点。

铝合金门窗按开启方式分为推拉门窗、平开门（窗）、固定窗、悬挂窗、百叶窗、纱窗和回转门（窗）等。

平开铝合金门窗和推拉铝合金门窗的常见规格见表 3-1。

表 3-1　铝合金门窗品种及规格

名称	洞口尺寸/mm		厚度基本尺寸/mm
	高	宽	
平开铝合金窗	600、900、1 200、1 500、1 800、2 100	600、900、1 200、1 500、1 800、2 100	40、45、50、55、60、 65、70
平开铝合金门	2 100、2 400、2 700	800、900、1 000、1 200、1 500、1 800	40、45、50、55、60、 65、70
推拉铝合金窗	600、900、1 200、1 500、1 800、2 100	1 200、1 500、1 800、2 100、1 240、2 700、3 000	45、55、60、70、80、 90
推拉铝合金门	2 100、2 400、2 700、3 000	1 500、1 800、2 100、2 400、3 000	70、80、90

2.铝合金装饰板

铝合金装饰板属于现代较为流行的建筑装饰板材，具有质量轻、不燃烧、耐久性好、施工方便、装饰效果好等优点。近年来在装饰工程中用得较多的铝合金板材主要有铝合金花纹板及浅花纹板、铝合金压型板、铝合金穿孔板、铝合金扣板、铝合金挂片等。

（1）铝合金花纹板及浅花纹板

铝合金花纹板不易磨损、防滑性好、耐腐蚀性强、便于冲洗，通过表面处理可以获得各种颜色。花纹板板材平整，裁剪尺寸精确，便于安装，广泛应用于现代建筑的墙面装饰及楼梯踏板等处。

以冷作硬化后的铝材为基础，表面进行浅花纹处理后得到的装饰板，称为铝合金浅花纹板。铝合金浅花纹板是优良的建筑装饰材料之一，其花纹精巧别致，美观大方，同普通铝合金相比，刚度高出 20%，抗污垢、抗划伤、抗擦伤能力均有所提高，是我国特有的建筑装饰产品。

（2）铝合金压型板

铝合金压型板主要用于墙面装饰，也可用作屋面。用于屋面的铝合金压型板，一般采用强度高、耐腐蚀性能好的防锈铝制成。

铝合金压型板质量轻、外形美观、耐腐蚀性好，经久耐用，安装容易，施工快速，经表面处理可得到各种色彩，是现代广泛应用的一种新型建筑装饰材料。

（3）铝合金穿孔板

铝合金穿孔板是各种铝合金平板经机械穿孔而成的装饰材料。根据需要，孔形有圆孔、方孔、长圆孔、长方孔、三角孔、大小组合孔等。它是近年来人们开发的一种降低噪声并兼有装饰效果的新产品。

铝合金穿孔板材质轻、耐高温、耐高压、耐腐蚀、防火、防潮、防震，化学稳定性好，造型美观，色泽幽雅，立体感强，可用于宾馆、饭店、剧场、影院、播音室等公共建筑中，也可以作为降噪材料用于各类车间厂房、机房、人防地下室等。

（4）铝合金扣板

铝合金扣板又称为铝合金条板，主要有开放式条板和插入式条板两种，颜色有银白色、茶色和彩色（烘漆）等。其简单、方便、灵活的组合可为现代建筑提供更多的设计构思。铝合金扣板分针孔型和无孔型，特别适合机场、地铁、商业中心、宾馆、办公室、医院和其他建筑使用。

（5）铝合金挂片

铝合金条形挂片顶棚适用于面积比较大的公共场合，整体美观大方，线条明快，安装方便，可根据不同环境，使用相应规格的顶棚挂片，图案多种多样。

3.铝合金龙骨

铝合金龙骨是以铝合金板材为主要原料，轧制成各种轻薄型材后组合安装而成的一种金属骨架，主要用作吊顶或隔断龙骨，可与石膏板、矿棉板、夹板、木芯板等配合使用。铝合金龙骨按用途分为隔墙龙骨和吊顶龙骨两类。

铝合金龙骨具有强度大、刚度大、自重轻、不锈蚀、美观、防火、抗震、安装方便等特点。

4.铝箔

铝箔是用纯铝或铝合金加工成的薄片制品，具有良好的防潮、绝热、隔蒸汽和电磁屏蔽功能。建筑中常用的有铝箔牛皮纸、铝箔布、铝箔泡沫塑料板、铝箔波形板等。

四、铜及铜合金制品

纯铜呈紫红色，又称紫铜。纯铜的熔点为1 083 ℃，具有优良的导电性、导热性、延展性和耐蚀性。纯铜主要用于制作发电机、母线、电缆、开关装置、变压器等电工器材和热交换器、管道、太阳能加热装置的平板集热器等导热器材。高品质红铜纯度高，组织细密，含氧量极低。纯铜无气孔、砂眼，导电性能极佳。

（一）铜合金的种类

铜合金是以纯铜为基体，加入一种或几种其他元素构成的合金。常用的铜合金分为白铜、青铜和黄铜三大类。

1.白铜

白铜是以镍为主要添加元素的铜合金。铜镍二元合金称普通白铜；加有锰、铁、锌、铝等元素的白铜合金称复杂白铜。工业用白铜分为结构白铜和电工白铜两大类。结构白铜的特点是机械性能和耐蚀性好，色泽美丽。这种白铜被广泛用于制造精密机械、眼镜配件、化工机械和船舶构件。电工白铜一般有良好的热电性能。锰铜、康铜、考铜是含锰量不同的锰白铜，是制造精密电工仪器、变阻器、精密电阻、应变片、热电偶等的材料。

2.黄铜

黄铜是由铜和锌组成的合金。由铜、锌组成的黄铜为普通黄铜。黄铜常被用于制造阀门、水管、空调内外机连接管和散热器等。

在普通黄铜的基础上加入其他合金元素的黄铜是特殊黄铜，如由铅、锡、锰、镍、铁、硅等组成的铜合金。特殊黄铜又称特种黄铜，强度高、硬度大、耐化学腐蚀性强，切削加工的机械性能也较好。由黄铜拉成的无缝铜管，质软、耐磨性能好。

3.青铜

青铜是我国使用最早的合金，至今已有3 000多年的历史。

青铜原指铜锡合金，除黄铜、白铜以外的铜合金均称青铜，并常在青铜名字前冠以第一主要添加元素的名。

锡青铜的铸造性能、减摩性能和机械性能良好，适用于制造轴承、蜗轮、齿轮等。铅青铜是现代发动机和磨床广泛使用的轴承材料。铝青铜强度高，耐磨性和耐蚀性好，适用于铸造高载荷的齿轮、轴套、船用螺旋桨等。磷青铜的弹性极限高，导电性好，适用于制造精密弹簧和电接触元件。铍青铜用来制造在煤矿、油库等场所中使用的无火花工具。

（二）铜合金的分类

1.按合金分类

按合金系划分，铜合金可分为非合金铜和合金铜。非合金铜包括高纯铜、韧铜、脱氧铜、无氧铜等。习惯上，人们将非合金铜称为紫铜或纯铜，也称红铜，而其他铜合金则属于合金铜。我国通常先把合金铜分为黄铜、青铜和白铜，然后在大类中划分小的合金系。

2.按功能分类

按功能划分，铜合金有导电导热用铜合金（主要有非合金化铜和微合金化铜）、结构用铜合金（几乎包括所有铜合金）、耐蚀铜合金（主要有锡黄铜、铝黄铜、铝青铜、钛青铜等）、耐磨铜合金（主要有含铅、锡、铝、锰等元素的复杂黄铜、铝青铜等）、易切削铜合金（铜-铅、铜-碲、铜-锑等合金）、弹性铜合金（主要有锑青铜、铝青铜、铍青铜、钛青铜等）、阻尼铜合金（高锰铜合金等）、艺术铜合金（纯铜、锡青铜、铝青铜、白铜等）。显然，许多铜合金都具有多种功能。

3.按材料形成方法分类

按材料形成方法划分，铜合金可分为铸造铜合金和变形铜合金。事实上，许多铜合金既可以用于铸造，又可以用于变形加工。通常变形铜合金可以用于铸造，而许多铸造铜合金却不能进行锻造、挤压、深冲和拉拔等变形加工。铸造铜合金和变形铜合金又可以细分为铸造用紫铜、黄铜、青铜和白铜等。

第二节　塑料装饰材料

一、塑料的组成和分类

塑料是指以合成树脂或天然树脂为主要原料，加入或不加添加剂，在一定温度、压力下，经混炼、塑化、成型，且在常温下保持制品形状不变的材料。装饰塑料是指用于室内装饰装修工程的各种塑料及其制品。

（一）塑料的组成

塑料由合成树脂、填充剂、增塑剂、着色剂、固化剂等组成。

1.合成树脂

合成树脂按生成时化学反应的不同，可分为聚合（加聚）树脂（如聚氯乙烯、聚苯乙烯）和缩聚（缩合）树脂（如酚醛、环氧、聚酯等）；按受热时性能变化的不同，又可分为热塑性树脂和热固性树脂。由热塑性树脂制成的塑料称为热塑性塑料。热塑性树脂受热软化，温度升高逐渐熔融，冷却时重新硬化，这一过程可以反复进行，对其性能及外观均无重大影响。聚合树脂属于热塑性树脂，其耐热性较差，刚度较小，抗冲击性、韧性较好。

2.填充剂

填充剂能增强塑料的性能，如加入纤维填充剂可提高塑料的强度，加入石棉可提高塑料的耐热性，加入云母可提高塑料的电绝缘性等。

3.增塑剂

增塑剂的作用是增加塑料的可塑性、柔软性、弹性、抗震性、耐寒性等，但会降低塑料的强度与耐热性。

4.着色剂

着色剂一般包括无机颜料、有机颜料和一部分染料，通常色泽鲜明，着色力强，分散性好，耐热耐晒，与塑料能紧密结合。在塑料成型加工温度下，着色剂不变色、不起化学反应，也不会降低塑料性能。

5.稳定剂

稳定剂可以稳定塑料制品的质量，延长其使用寿命。常用的稳定剂有硬脂酸盐、铅白、环氧化物。选择稳定剂时，一定要注意树脂的性质、加工条件和制品的用途等因素。

6.固化剂

固化剂又称硬化剂，其主要作用是使线型高聚物交联成体型高聚物，使树脂具有热固性。

7.抗静电剂

塑料制品电气性能优良，缺点是在加工和使用过程中由于摩擦而容易带有静电。掺加抗静电剂的根本目的是提高塑料表面的导电性，使其迅速放电，防止静电的积聚。需要注意的是，要求电绝缘的塑料制品，不应进行防静电处理。

8.其他添加剂

在塑料中加入金属微粒如银、铜等就可制成导电塑料。加入一些磁铁粉，可制成磁性塑料。加入一些特殊的化学发泡剂，可制成泡沫塑料。掺入放射性物质与发光物质，可制成发光塑料。加入香醇类物质，可制成会发出香味的塑料。

（二）塑料的分类

塑料的品种有很多，分类方法也很多，通常按照树脂的合成方法及树脂在受热时的性质进行分类。根据建筑塑料使用和成型加工中的需要，有时还需加入润滑剂、抗静电剂、发泡剂、阻燃剂、防霉剂等。

1.按树脂在受热时所发生的不同变化分类

（1）热固性塑料

塑料成型后不能再次加热，只能塑制一次，如酚醛塑料、脲醛塑料等。

（2）热塑性塑料

塑料成型后可反复加热重新塑制，如聚氯乙烯塑料、聚苯乙烯塑料等。

2.按树脂的合成方法分类

（1）缩合物塑料

两个或两个以上的不同分子化合，放出水或氨、氯化氢等简单物质后，生成的一种与原来分子完全不同的化学反应物称为缩合物，如酚醛塑料、有机硅塑料和聚酯塑料等。

（2）聚合物塑料

由许多相同的分子连接而成的庞大的分子，且其基本化学组成不发生变化的化学反应物称为聚合物，如聚乙烯塑料、聚苯乙烯塑料等。

3.按使用性能和用途分类

塑料按使用性能和用途可分为通用塑料和工程塑料两类。通用塑料是指一般用途的塑料，其用途广泛、产量大、价格较低，是建筑中应用较多的塑料。工程塑料是指具有较高机械强度和其他特殊性能的聚合物。

4.按塑料成型方法分类

（1）压缩塑料

凡是以热塑性树脂和填料为基料配制而成的一种纤维状或粉状的半成品，然后由使用单位（厂家、用户）利用压缩的方法而制成的不同制品或塑料零件均称为压缩塑料。

（2）层压缩料

凡是将玻璃布、棉布或纸等片状材料，经合成树脂浸渍后，用层压法压制而成的一种层状塑料称为层压塑料，如玻璃胶布板、胶布板和胶纸板等。

二、塑料的优缺点

（一）塑料的优点

1.加工特性好

塑料可以根据使用要求加工成多种形状的产品，且加工工艺简单，宜采用机械化大规模生产。

2.质轻

塑料的密度为0.8～2.2 g/cm^3，一般只有钢的1/4～1/3，铝的1/2，混凝土的1/3，与木材相近。其用于装饰装修工程，可以减轻施工强度，降低建筑物的自重。

3.比强度大

塑料的比强度远高于水泥混凝土，接近甚至超过了钢材，属于一种轻质高强的材料。

4.导热系数小

塑料的导热系数很小，为金属的1/600～1/500。泡沫塑料的导热系数只有0.04～0.046 W/（m・K），约为金属的1/1500，水泥混凝土的1/40，烧结普通砖的1/20，是理想的绝热材料。

5.化学稳定性好

塑料对一般的酸、碱、盐及油脂有较好的耐腐蚀性，特别适合做化工厂的门窗、地面、墙体等。

6.电绝缘性好

塑料是电的不良导体，其电绝缘性可与陶瓷、橡胶媲美。

7.性能设计性好

塑料可通过改变配方、加工工艺，制成具有各种特殊性能的工程材料。如高强的碳纤维复合材料，隔声、保温复合板材，密封材料，防水材料等。

8.富有装饰性

塑料可以制成透明制品，也可制成有各种颜色的制品，还可用先进的印刷、压花、电镀及烫金技术制成具有各种图案、花型和表面具有立体感、金属感的制品。

9.有利于建筑工业化

许多建筑塑料制品或配件都可以在工厂生产，然后运到现场装配，这样可大大提高施工的效率。

（二）塑料的缺点

1.易老化

所谓老化，是指高分子化合物在阳光、空气、热以及环境介质中的酸、碱、盐等作用下，分子组成和结构发生变化，致使其性质变化，如失去弹性、出现裂纹、变硬（脆）或变软、发黏等失去原有的使用功能的现象。

通过配方和加工技术等的改进，塑料制品的使用寿命可以大大延长，如塑料管至少可使用 20～30 年，最高可达 50 年，比铸铁管使用寿命还长。又如，一些塑料门窗的使用寿命能达到 30 年。

2.易燃及毒性

塑料不仅可燃，而且在燃烧时发烟量大，甚至会产生有毒气体。但通过改进配方，如加入阻燃剂、无机填料等，也可制成自熄、难燃甚至不燃的产品，不过其防火性能仍比无机材料差。

3.耐热性差

塑料一般具有受热变形的特点，在使用中要注意限制温度。

4.刚度小

塑料是一种黏弹性材料，弹性模量低，只有钢材的 1/20～1/10，且在荷载的长期作用下易产生蠕变，即随着时间的延续变形增大，而且温度愈高，变形愈快。因此，应慎重将塑料制品用作承重结构。但某些高性能的工程塑料，其强度大大提高，甚至可超过钢材。

三、塑料的应用

塑料在建筑中的应用十分广泛，几乎遍及各个角落，常用的建筑装饰塑料在建筑中的用途如下。

（一）薄膜制品

薄膜制品主要用作壁纸、印刷饰面薄膜、防水材料及隔离层等。

（二）薄板

薄板主要用作塑料装饰板材、门面板等。

（三）异型板材

异型板材主要用作玻璃钢屋面板、内外墙板。

（四）异型管材

异型管材主要用作塑料门窗及楼梯扶手等。

（五）管材

管材主要用作给排水管道系统。

（六）泡沫塑料

泡沫塑料主要用作绝热材料。

（七）模制品

模制品主要用作建筑五金、洁具及管道配件。

（八）复合板材

复合板材主要用作墙体、屋面、吊顶材料。

（九）盒子结构

盒子结构主要由塑料部件及装饰面层组合而成，用作卫生间、厨房或移动式房屋。

四、塑料的成型方法

（一）模压成型

模压成型法又称压塑法，是制造热固性塑料主要成型方法之一，有时也用于热塑性塑料。模压成型法是把粉状、片状或粒状塑料放在金属模具中加热软化，在液压机的压力下，充满模具成型，同时发生化学反应而固化，脱模后即得压塑制品。

（二）注射成型

注射成型法又称注塑法，是热塑性塑料的主要成型方法之一。它是将塑料颗粒在注射机的料筒内加热熔化，然后以较高的压力和较快的速度将熔化的塑料颗粒注入闭合模具内成型。

（三）挤出成型

挤出成型法又称挤压法或挤塑法。它是将原料在加压筒内软化后，借助加压筒内螺旋杆的挤压，通过不同型孔或者连续地挤出不同形状的型材（如管、棒、条、板等）。

（四）压延成型

压延成型是将混炼出的片状塑料经辊压逐级延展压制成一定厚度的片材。

（五）层压成型

层压成型是制造增强塑料的主要方法之一。它是将层状填料如纸、布、木片等，在浸渍机内浸渍或在涂胶机中涂覆热固性树脂溶液，经干燥后重叠在一起或卷成棒材和管材，在层压机上加热加压，固化后成型。

（六）浇注成型

浇注成型法又称浇塑法。它是将热态的热固性树脂或热塑性树脂注入模型，这些树脂在常压或低压下加热固化或冷却凝固而成型。

五、塑料门窗

塑料门窗是以聚氯乙烯、改性聚氯乙烯或其他树脂为主要原料，轻质碳酸钙为填料，添加适量助剂和改性剂，经挤压机挤出成各种截面的空腹门窗异型材，再根据不同的品种规格选用不同截面异型材组装而成的门窗。

（一）塑料门窗的特点

塑料门窗线条清晰、挺拔，造型美观，表面光洁细腻，不但具有良好的装饰性，而且有良好的隔热性和密封性。其气密性为木窗的 3 倍，铝窗的 1.5 倍；热损耗为金属门的 0.1%；隔声效果也比铝窗高 30 dB 以上。另外，塑料可不用油漆，节省施工时间及费用。

此外，塑料本身又具有耐腐蚀和耐潮湿等性能，适合化工建筑、地下工程、纺织工业、卫生间及浴室内部使用。

（二）塑料门窗的品种

塑料门窗分为全塑门窗、塑料包覆（以木料或金属为主体外包塑料）门窗、复合（一面为塑料，另一面为金属或木料）门窗等。其中以优质聚氯乙烯片材经真空吸塑机成型，再与木材或金属真空贴合而成的塑钢雕花门、塑钢雕花木门、塑钢线条装饰系列激光门、塑贴装饰门等，均具有防潮、耐腐蚀、不变形、阻燃等特点，并有优异的装饰性能，因此被广泛应用。此外，还有全塑折叠门、塑料（及铝塑）百叶窗等。

1.改性全塑整体门

改性全塑整体门是以聚氯乙烯树脂为主要原料，配以一定量的抗老化剂、阻燃剂、增塑剂、稳定剂和内润滑剂等多种优良助剂，经机械加工而成的。

改性全塑整体门的门扇是一个整体，在生产中采用一次成型工艺，摆脱了传统组装体的形式。其外观清雅华丽，装饰性强，可制成各种单一颜色，也可同时集三种颜色在一个门扇之上。改性全塑整体门质量坚固，耐冲击性强，结构严密，隔声、隔热性能均优于传统木门，且安装简便，省工省料，使用寿命长，是理想的以塑代木产品，适用于宾馆、饭店、医院、办公楼及民用建筑的内门，也适用于作为化工建筑的内门。

2.改性聚氯乙烯塑料夹层门

改性聚氯乙烯塑料夹层门是采用聚氯乙烯塑料中空型材为骨架，内衬芯材，表面用聚氯乙烯装饰板复合而成，其门框由抗冲击聚氯乙烯中空异型材经热熔焊接加工拼装而成。改性聚氯乙烯塑料夹层门具有材质轻、刚度好、防霉、防蛀、耐腐蚀、不易燃、外形美观大方等优点，适用于住宅、学校、办公楼、宾馆、化工厂房的内门及地下工程。

3.改性聚氯乙烯内门

改性聚氯乙烯内门是以聚氯乙烯为主要原料，添加适量的助剂和改性剂，经挤出机挤出成各种截面的异型材，再根据不同的品种规格选用不同截面异型材组装而成。其具有质轻、阻燃、隔热、隔声、防湿、耐腐、色泽鲜艳、无须油漆、采光性好、装潢别致等优点，可取代木制门，常用于公共建筑、宾馆及民用住宅的内部。

4.折叠式塑料异型组合屏风

折叠式塑料异型组合屏风是一种无增塑硬聚氯乙烯异型挤出制品，具有良好的耐腐蚀、耐候性、自熄性及轻质、强度高等特点。其表面可装饰花纹，既美观大方又节省油漆，易清洗、安装方便、使用灵活，适用于宾馆会客厅及房间的间隔装饰，也可用作一般公用建筑和民用住宅的室内隔断、浴帘及内门等。

5.全塑折叠门

全塑折叠门和全塑整体门一样，是以聚氯乙烯为主要原料配以一定量的防老化剂、阻燃剂、增塑剂、稳定剂等，经机械加工制成的。全塑折叠门具有质量小，安装与使用方便，装饰效果豪华、高雅，推拉轨迹顺直，自身体积小而遮蔽面积大，以及适用于多种环境和场合等优点。全塑折叠门特别适合用作更衣间屏幕、浴室内门和大中型厅堂的临时隔断。

全塑折叠门的颜色可根据设计要求定制，如棕色仿木纹及各种印花图案。其附件主要是铝合金导轨及滑轮等。

6.塑料百叶窗

塑料百叶窗采用硬质改性聚氯乙烯、玻璃纤维增强聚丙烯及尼龙等热塑性塑料加工而成。其品种有活动百叶窗和垂直百叶窗帘等。传动系统采用丝杠及涡轮副机构，可以自动启闭及 180° 转角，可灵活调节光照，使室内有光影交错的效果。

塑料百叶窗适用于人防工事、地下室坑道等湿度大的建筑工程；同时也适用于宾馆、饭店、影剧院、图书馆、科研计算中心、民用住宅等各种需要遮阳和通风的地方。

7.玻璃钢门窗

玻璃钢门窗是以合成树脂为基体材料，以玻璃纤维及其制品为增强材料，经一定成型加工工艺制作而成。其结构形式一般有实心窗、空腹窗及隔断门和走廊门扇等。

空腹薄壁玻璃钢窗由于刚度较好，不易变形，使用效果也较好，因此被广泛使用。它是以无碱无捻方格玻璃布为增强材料，以不饱和聚酯树脂为胶黏剂制成的空腹薄壁玻璃钢型材，然后加工拼装成窗。

玻璃钢门窗与传统的钢门窗、木门窗相比，具有轻质、高强、耐久、耐热、绝缘、抗冻、成型简单等特点，其耐腐蚀性能更为突出。此类门窗除适用于一般建筑之外，还特别适用于湿度大、有腐蚀性介质的化工生产车间、火车车厢，以及各种冷库的保温门窗。

六、塑料地板

（一）塑料地板的类别

塑料地板按其使用状态可分为块材（或地板砖）和卷材（或地板革）两种。

地板砖的主要优点是在使用过程中，如出现局部破损，可局部更换而不影响整个地面的外观。但地板砖的接缝较多，施工速度较慢。

地板革的主要优点是铺设速度快，接缝少。对于较厚的卷材，可不用胶黏剂而直接铺在基层上。但地板革的局部破损修复不便，全部更换又会浪费大量材料。

塑料地板按其材质可分为硬质地板、半硬质地板和软质（弹性）地板。软质地板多为卷材，硬质地板多为块材。

塑料地板按其色彩可分为单色和复色两种。单色地板一般用新法生产，价格略高些，有 10～15 种颜色。

塑料地板按其基本原料可分为聚氯乙烯塑料地板、聚乙烯塑料地板和聚丙烯塑料地板等。由于聚氯乙烯具有较好的耐燃性和自熄性，加上它的性能可以通过改变增塑剂和填充剂的加入量而变化，所以目前聚氯乙烯地板使用范围最广。

（二）塑料地板的性能要求及特性

1.塑料地板的性能要求

（1）外观质量

外观质量包括颜色、花纹、光泽、平整度和伤裂等状态。一般在 60 cm 的距离外，目测不可有凹凸不平、色泽和色调不匀、裂痕等问题。

（2）脚感舒适

塑料地板在长期荷载或疲劳荷载下能保持较好的弹性回复率。若地面带有弹性，人们在上面行走时会感到柔软和舒适。

（3）耐水性

塑料地板应耐冲洗，遇水不变形、不失光、不褪色等。

（4）尺寸稳定性

块材地板的尺寸应有一定的标准。

（5）质量稳定性

因为挥发不仅影响地板质量，而且对人体健康也有影响，所以应控制塑料中低分子挥发物的用量，保证塑料制品的质量稳定性。

（6）耐磨耗性

耐磨耗性是地板的重要性能指标之一。在人流量大的环境中，必须选择耐磨性优良的材料。

（7）耐腐蚀性和耐污染性

质量差的地板遇化学药品会出现斑点、气泡，受污染时会褪色、失去光泽等，所以使用时必须谨慎选择。

（8）阻燃性

塑料在空气中加热容易燃烧、发烟、熔融滴落，甚至产生有毒气体。如聚氯乙烯塑料地板虽具有阻燃性，但一旦燃烧，会分解出氯化氢气体，危害人体。从消防要求出发，应选用具有阻燃性、自熄性特点的塑料地板。

（9）耐久性及其他性能

在大气的作用下，塑料地板可能会出现失光、变小、龟裂及破损等老化现象。因此，在选择塑料地板时，应考虑其耐久性。同时还要考虑其他性能，如抗冲击、防滑、导热、抗静电、绝缘等。

2.塑料地板的特性

（1）塑料地板的特点

①价格适度。与地毯、木质地板、石材和陶瓷地面材料相比，其价格相对便宜。

②装饰效果好。其品种、花样、图案、色彩、质地、形状多样，能满足不同人群的喜好和多种用途。

③兼具多种功能。足感舒适，有暖感，能隔热、隔声、隔潮。

④施工方便。消费者可亲自参与整体构思、选材和铺设。

⑤易于保养。易擦、易洗、易干，耐磨性好，使用寿命长。

（2）塑料地板的优点

①其表面为高密度特殊结构，有仿真木纹、大理石纹、地毯纹、花岗石等纹路，遇水变涩，这一特性是石材、瓷砖等无法比拟的，家居铺装可在一定程度上保障老年人和儿童的安全。

②地面材料的耐磨程度，取决于表面耐磨层的材质与厚度，并非单看其地砖的总厚度。聚氯乙烯地板表面通常覆盖 0.2～0.8 mm 厚度的高分子特殊材质，耐磨性好，为同类产品中使用寿命最长的。

③施工方便。无须使用水泥、砂子，用专用胶浆铺贴、快速简便。产品花样繁多，有板岩、碎石、大理石及木纹等多种系列，可自由拼配，省时省力。

④柔韧性好。具有特殊的弹性结构，抗冲击性强。

⑤导热保暖性好。导热只需几分钟，散热均匀，无石材、瓷砖的冰冷感觉，冬天光着脚也不怕凉。

⑥保养方便。平常用清水擦洗即可，遇到污渍，用橡皮擦或稀料擦拭干净即可。

⑦绿色环保、无毒无害。对人体、环境无副作用，且不含放射性元素，为最佳的地面建材。

⑧防火阻燃。通过防火测试，塑料地板离开火源即自动熄灭，可有效保障人们的生命安全。

⑨耐酸碱，且防潮、防虫蛀。

（三）塑料地板的选购标准

1.塑料地板的分类

第一类是块材地板。大部分为半硬质地板，质量可靠，其厚度为1.5 mm或大于1.5 mm，属于低档地板，可以解决混凝土地面冷、硬、灰、潮、响等缺点，使环境能得到一定程度的美化。

第二类是软质卷材地板。目前市场的软质印花卷材地板大部分只有0.8 mm厚，它不但解决不了混凝土地面的“冷、硬、响”问题，而且由于强度低，使用一段时间后，绝大部分会发生起鼓、边角破裂等问题。

第三类是弹性卷材地板。弹性地板是指地板在外力作用下发生变形，当外力解除后，能完全恢复到变形前形状的地板。这种地板的使用寿命为30～50年，具有卓越的耐磨性、耐污性和防滑性，富有弹性的脚感令人感到舒适。弹性地板因其优越的特性而备受用户青睐，它们被广泛应用于医院、学校、写字楼、商场、交通、工业、家居、体育馆等场所。

2.塑料地板的类型

①A型产品为通用型，是由表面耐磨层、装饰发泡层和浸渍层三层结构组成，主要适用于卧室。

②B型产品为防卷翘型，它在A型产品的基础上增加了一层紧密背衬，主要适用于卧室、起居室。

③C 型产品为具有机械发泡背衬的四层结构产品，比 A、B 型更耐磨，且有隔声性能，主要适用于起居室和公共场所。

④D 型产品为舒适、隔声型，有近似织物地毯的舒适脚感，适用于儿童场所、高级客房等需要舒适隔声的房间。

⑤E 型为防潮、防霉的薄型产品，适用于卫生间和厨房的地面及墙壁。

⑥F 型产品为高强度、高载重、高耐磨型，适用于人流量较大的公共场所。

七、塑料装饰板

塑料装饰板是以树脂材料为基料或浸渍材料，经一定工艺制成的具有装饰功能的板材。

（一）塑料贴面装饰板

塑料贴面装饰板是一种用于贴面的硬质薄板，具有耐磨、耐热、耐寒、耐溶剂、耐污染、耐腐蚀、抗静电等特点，板面光滑、洁净。其表面印有仿真的各种花纹图案，色彩丰富多样，有高光和亚光之分，质地牢固，表面硬度大，易清洁，使用寿命长，装饰效果好。该类装饰板是一种较好的防火装饰贴面材料。

塑料贴面装饰板可用白胶、立时得等贴于木材面、木墙裙、木搁栅、木造型体等木质基层表面，为中、高档饰面材料。

（二）聚氯乙烯装饰板

聚氯乙烯装饰板是以聚氯乙烯树脂为基料，加入稳定剂、填料、着色剂、润滑剂等，经捏合、混炼、拉片、切料、挤压或压铸而成的。根据增塑剂配量的不同，聚氯乙烯装饰板可分为软、硬两种产品。

1.硬质聚氯乙烯板

硬质聚氯乙烯板表面光滑、色泽鲜艳，防水耐腐，化学稳定性好，介电性良好，强度较高，耐用性、抗老化性能好，使用温度较低（不超过 60℃），线膨胀系数大，加工成型性好，易于施工。透明聚氯乙烯平板和波形板还具有透光率高的特点。

硬质聚氯乙烯板可用作厨房吊顶、内墙罩面板、护墙板。波形板用于外墙装饰。透明平板波形板可用于采光顶棚、采光屋面、高速公路隔声墙、室内隔断、防震玻璃、广告牌、灯箱、橱窗等的制作。

2.软质聚氯乙烯板

软质聚氯乙烯板适用于建筑物内墙面、吊顶、家具台面的装饰和敷设。

（三）聚乙烯塑料装饰板

以聚乙烯树脂为基料，加入其他材料及助剂，经捏合、混炼、造粒、挤压定形而成的装饰板材称为聚乙烯塑料装饰板。其表面光洁、高雅华丽、绝缘、隔声、防水、阻燃、耐腐蚀，适用于家庭、宾馆、会议室及商店等建筑物的墙面装饰。

（四）波音装饰软片

波音装饰软片是用云母珍珠粉及聚氯乙烯为主要原料，经特殊精制加工而成的装饰材料。波音装饰软片适合作为各种石膏板、人造板、金属板等基材上的粘贴装饰。

波音装饰软片的主要特点如下：

①色泽艳丽、色彩丰富、华丽美观、经久耐用且不褪色。

②具有较好的弯曲性能。

③耐冲击性好，为木材的 40 倍，耐磨性优越。

④耐温性好，在 20 ℃～70 ℃，尺寸稳定性极佳。

⑤抗酸碱、耐腐蚀性能好，具有耐一般稀释剂、化学药品腐蚀的能力。

⑥耐污性好，对于咖啡、动植物油、酱油、醋、墨迹等污染，易清洁。

⑦具有良好的阻燃性能。

（五）有机玻璃板

有机玻璃板简称有机玻璃，它是一种具有极好透光性的热塑性塑料，有各种颜色。其透光率较好，机械强度较高，耐热性、耐寒性及耐候性较好，耐腐蚀及绝缘性能良好。

在一定条件下，有机玻璃板尺寸稳定，并容易加工成型。其缺点是质地较脆，易溶于有机溶剂。

有机玻璃板是室内高级装饰材料，用于门窗、玻璃指示灯罩及装饰灯罩、隔板、隔断、吸顶灯具、采光罩、淋浴房等。

（六）玻璃卡普隆板

玻璃卡普隆板分为中空板（蜂窝板）、实心板和波纹板三大系列。

玻璃卡普隆板质量小，透光性好、透光率达到 88%，属良好采光材料，安全性、耐候性、弯曲性能好，可热弯、冷弯，抗紫外线，安装方便，阻燃性良好，不产生有毒气体。中空板有保温、绝热、消声的效果。

玻璃卡普隆板主要用于办公楼、商场、娱乐中心及大型公共设施的采光顶，车站、停车站、凉亭等雨篷，也可作为飞机场、工厂的安全采光材料等。

（七）千思板

千思板是环保绿色建材，由热固性树脂与植物纤维混合而成，面层由特殊树脂经 EBC 双电子束曲线加工而成。

千思板抗冲击性极高、易清洁、防潮湿，稳定性和耐用性可与硬木相媲美。其抗紫外线、阻燃、耐化学腐蚀性强，装饰效果好，加工安装容易，使用寿命长，符合环保要求。此外，千思板还具有防静电的特点。千思板适用于计算机房，各种化学、物理及生物实验室等要求很高的场所。

第四章　石材、木材、陶瓷、涂料装饰材料

第一节　石材装饰材料

石材分为天然石材和人造石材两大类。天然石材具有产量大、分布广、加工制作方便等优点，为古今中外建筑工程装饰方面的优良材料。随着建筑业的发展和人民生活水平的提高，在公共设施建筑和家居环境中使用石材进行装饰已十分普遍。

一、石材的分类

石材来自岩石，岩石按地质形成条件不同，可分为岩浆岩、沉积岩和变质岩三大类。

（一）岩浆岩

岩浆岩又称火成岩，是地壳内部岩浆冷却凝固而成的岩石，是组成地壳的主要岩石，占地壳总重量的89%，分布量极大。岩浆岩又分为深成岩、喷出岩、火山岩等。

1.深成岩

深成岩是岩浆在地壳深处缓慢冷却凝固而成的全晶质粗粒岩石。其特点是结构致密、表观密度大、抗压强度高、孔隙率小、耐磨性和耐久性好。如花岗石、闪长岩、辉长岩等。

2.喷出岩

喷出岩是岩浆喷出地表时，压力急剧降低和快速冷却凝固而形成的岩石。当喷出岩形成很厚的岩层时，其结构与性质接近深成岩；当形成较薄的岩层时，多数形成玻璃质

结构及多孔结构。其特点是强度高、硬度大、易于风化。如玄武岩、安山岩等。

3.火山岩

火山爆发时岩浆喷入空气，由于冷却速度极快，压力急剧降低，落下时形成具有松散多孔、密度小的玻璃物质，这些玻璃物质堆积在一起，受到覆盖层的压力作用和岩石中天然胶结物质的胶结作用而形成岩石，这种岩石就是火山岩。其特点是质轻、多孔、强度大、耐水性及耐冻性差、保温性好。火山岩是制作水泥的材料。

（二）沉积岩

沉积岩又称水成岩。沉积岩是在地壳表层的条件下，由母岩的风化产物、火山物质、有机物质等沉积岩的原始物质成分，经搬运、沉积及沉积后作用而形成的一类岩石。其特点是结构致密性差、密度小、吸水率大、强度小。建筑中常用的沉积岩有石灰岩、砂岩、页岩等。

（三）变质岩

变质岩是地壳中原有的岩石（如沉积岩、岩浆岩），经地壳内部高温、高压等作用后而形成的岩石。建筑上常用的变质岩为大理石、石英、片麻岩等。

二、石材的性质

（一）表观密度

天然石材的表观密度由其矿物质组成及致密程度决定。天然岩石按表观密度的大小可分为重石和轻石两大类。表观密度大于或等于 1 800 kg/m^3 的为重石，主要用于建筑的基础，如贴面、地面、房屋外墙、桥梁等部位；表观密度小于 1 800 kg/m^3 的为轻石，主要用作墙体材料，如采暖房屋的外墙等。

（二）吸水性

石材的吸水性与其孔隙率有关。花岗石的吸水率通常小于 0.5%，致密的石灰岩的吸水率一般小于1%，而多孔的贝壳灰岩的吸水率可高达15%。吸水率小于1.5%的岩石为低吸水性岩石；吸水率介于1.5%～3.0%的岩石为中吸水性岩石；吸水率大于3.0%的岩石为高吸水性岩石。石材吸水后，颗粒之间的黏结力会降低，岩石的结构受到影响，石材的强度和耐水性会降低。

（三）抗冻性

石材的抗冻性是指其抵抗冻融破坏的能力，用石材在水饱和状态下按规范要求所能经受的冻融循环次数表示，一般有F10、F15、F25、F100、F200。能经受的冻融循环次数越多，则抗冻性越好。石材的抗冻性与其吸水性有密切的关系，吸水率大的石材，其抗冻性也差。吸水率小于0.5%的石材，则被认为是抗冻的。

（四）耐热性

石材的耐热性与其化学成分和矿物成分组成有关。石材经高温后，或由于热胀冷缩，体积发生变化而产生内应力，或因其矿物成分发生分解和变异等导致结构破坏。含有石膏的石材，温度在100 ℃时就开始发生破坏；含有碳酸镁的石材，温度高于725 ℃会发生破坏；含有碳酸钙的石材，温度达827 ℃时开始发生破坏。

（五）抗压强度

石材的抗压强度以三个边长为 70 mm 的立方体石块的抗压破坏强度的平均值表示。根据抗压强度值的大小，石材可分为MU100、MU80、MU60、MU50、MU40、MU30、MU20等强度等级。天然石材抗压强度的大小取决于岩石的矿物成分组成、结构与构造特性、胶结物质的种类及均匀性等因素。此外，荷载的方式对抗压强度的测定也有影响。

三、室内装饰常用石材

装饰石材主要是指用于工程各表面部位的装饰性板材或块材，也包括各种园林小品、标志、造型、室内摆设等所采用的石材。装饰石材分为天然石材和人造石材两大类。天然石材主要有天然大理石和天然花岗石。除了天然石材，人造石材也可用于建筑物的装饰。

（一）天然石材

1.大理石

大理石是大理岩的俗称，由石灰岩或白云岩变质而成。由白云岩变质而成的大理石，其性能比由石灰岩变质而成的大理石优良。大理石的主要矿物成分是方解石和白云石，经变质后，结晶颗粒直接结合呈整体块状结构，其抗压强度高、质地致密、硬度低。

大理石的性能见表 4-1。

表 4-1　大理石的性能

项目		指标	主要用途
表观密度/（kg/m³）		2 500～2 700	用作地面、墙面、柱面、柜台、栏杆等处的装饰
强度/MPa	抗压强度	47～140	
	抗弯强度	2.5～16.0	
	抗剪强度	8～12	
吸水率（%）		＜1.0	
膨胀系数/（10⁻⁶/℃）		6.5～11.2	
平均韧性/cm		10	
平均质量磨损率（%）		12	
耐用年限/年		30～100	

由于天然大理石一般都含有杂质，而且碳酸钙在大气中受二氧化碳、硫化物、水汽的作用容易风化和溶蚀，所以除了汉白玉、艾叶青可用于室外，其他品种不宜用于室外。

（1）按表面加工光洁度分类

①镜面板材，是指表面的镜面光泽度不低于 70 光泽单位的板材。

②哑光板材，是指表面平整、细腻，使光线产生漫反射现象的板材。

③粗面板材，是指饰面粗糙、规则有序，端面锯切整齐的板材。

（2）按色彩分类

我国所产大理石依其抛光面的基本颜色，大致可分为白、黄、绿、灰、红、咖啡、黑色等系列。

①白色大理石。如汉白玉、晶白、雪花白、雪云、四川白。

②黑色大理石。如墨玉、中国黑、蒙古黑、黑金花、莱阳黑。

③红色大理石。如中国红、砾红、印度红、枫叶红、岭红。

④灰色大理石。如杭灰、云灰。

⑤黄色大理石。如松香黄、松香玉、米黄、黄线玉。

⑥绿色大理石。如斑绿、大花绿、裂玉、孔雀绿、莱阳绿。

⑦彩色大理石。如春花、秋花、水墨花、雪夜梅花。

⑧青色大理石。如青花玉。

（3）天然大理石板材的等级与标记

①等级。按规格尺寸偏差、平面度公差、角度公差及外观质量等，大理石板材可分为优等品（A）、一等品（B）、合格品（C）三个等级。

②标记。大理石板材的标记顺序为：命名、类别、规格尺寸、等级、标准号。

2.天然花岗石

天然花岗石是岩浆岩的一种，在地壳中分布最广，是岩浆在地壳深处逐渐冷却凝固成的结晶岩石，主要成分是石英、长石和云母。天然花岗石的性能见表 4-2。

表 4-2 天然花岗石的性能

<table>
<tr><th colspan="2">项目</th><th>指标</th><th>主要用途</th></tr>
<tr><td colspan="2">堆积密度/（kg/m³）</td><td>2 500～2 700</td><td rowspan="9">用作桥墩、堤坝、拱石、阶石、路面、海港结构、基座、勒脚、窗台等部位的装饰石材</td></tr>
<tr><td rowspan="3">强度/MPa</td><td>抗压强度</td><td>120～250</td></tr>
<tr><td>抗弯强度</td><td>8.5～15.0</td></tr>
<tr><td>抗剪强度</td><td>14～19</td></tr>
<tr><td colspan="2">吸水率/%</td><td><1.0</td></tr>
<tr><td colspan="2">膨胀系数/（10⁻⁶/℃）</td><td>5.6～7.3</td></tr>
<tr><td colspan="2">平均韧性/cm</td><td>8</td></tr>
<tr><td colspan="2">平均质量磨损率（%）</td><td>11</td></tr>
<tr><td colspan="2">耐用年限/年</td><td>75～200</td></tr>
</table>

（1）天然花岗石的种类

①按基本形状分类，天然花岗石可分为普型平面板材和异型板材两大类。

②按表面加工强度分类，天然花岗石可分为细面板材、镜面板材、粗面板材三类。细面板材为表面平整、光滑的板材；镜面板材为表面平整并具有镜面光泽的板材；粗面板材为表面不平整、粗糙，具有较规则加工条纹的板材，如机刨板、剁斧板、锤击板等。

③按色彩分类，可分为以下几个系列。

第一，红色花岗石。如四川红、岑溪红、贵妃红、虎皮红、石棉红、将军红等。

第二，黑色花岗石。如纯黑、淡青黑、芝麻黑、贵州黑、川黑等。

第三，青色花岗石。如芝麻青、黎西蓝、芦花青、青花、竹叶青等。

第四，花白花岗石。如白石花、四川花白、白虎涧、黑白花、芝麻白、花白等。

第五，黄红色花岗石。如东留肉红、兴洋桃红、浅红小花、樱花红等。

（2）天然花岗石板材的等级与标记

①等级。按规格尺寸偏差、平面度公差、角度公差和外观质量等，花岗石板材可分为优等品（A）、一等品（B）、合格品（C）三个等级。

②标记。花岗石板材的标记顺序为：名称、类别、规格尺寸、等级、标准编号。

（二）人造石材

人造石材是以人造大理石、花岗石碎料，石英砂，石碴等为骨料，树脂或水泥等为胶黏剂，经搅拌混合、成型、聚合或养护后，研磨抛光、切割而成。与天然石材相比，人造石材具有色彩艳丽、光洁度高、颜色均匀一致、抗压、耐磨、韧性好、结构致密、坚固耐用、相对密度小、不吸水、耐腐蚀、耐污染、色差小、不褪色、放射性低等优点，已成为现代建筑首选的饰面材料。

人造石材按使用的原材料分为四类：水泥型人造石材、聚酯型人造石材、复合型人造石材、烧结型人造石材。

1.水泥型人造石材

水泥型人造石材以白色水泥、彩色水泥或硅酸盐水泥、铝酸盐水泥为胶黏剂，细砂为骨料，碎大理石、花岗石等为粗骨料，必要时再加入适量的耐碱颜料，经配料、搅拌、成型和养护硬化后，再进行磨平抛光而制成。在配制过程中，混入颜料，可制成彩色水泥石。水泥型人造石材价格低廉，但装饰性较差，水磨石和各类花阶砖即属此类。

2.聚酯型人造石材

聚酯型人造石材以不饱和聚酯为胶黏剂，加入石英砂、大理石碴、方解石粉等无机填料和颜料，经配制、混合搅拌、浇注成型、固化、烘干、抛光等工序制成。目前，国内外人造大理石、花岗石以聚酯型居多，该类产品光泽好、颜色浅，可调配成各种鲜明的花色图案。由于不饱和聚酯的黏度低，易于成型，且在常温下固化较快，便于制作形状复杂的制品。与天然大理石相比，聚酯型人造石材具有强度高、密度小、厚度小、耐酸碱腐蚀，以及美观等优点，但其耐老化性能不及天然花岗石，故多用于室内装饰。

3.复合型人造石材

复合型人造石材具备了上述两类石材的特点，由无机胶黏剂和有机胶黏剂共同组合而成。例如，可在廉价的水泥型人造石材上复合聚酯型薄层，组成复合型人造石材，以获得最佳的装饰效果；也可将水泥型人造石材浸渍于具有聚合性能的有机单体中并加以聚合，以提高制品的性能和档次。

4.烧结型人造石材

烧结型人造石材是把斜长石、石英砂、灰石粉和赤铁矿以及高岭土等混合成矿粉，再配以40%左右的黏土混合制成泥浆，经制坯、成型和艺术加工后，再经1 000℃左右的高温焙烧而成的，如仿花岗石瓷砖、仿大理石陶瓷艺术板等。烧结型人造石材的装饰效果好、性能稳定，但需经高温焙烧，因而能耗大、造价高。

由于不饱和聚酯树脂具有黏度小、易于成型、光泽好、颜色浅、固化快等特点，因此在上述人造石材中，目前使用最广泛的是以不饱和聚酯树脂为胶黏剂生产的聚酯型人造石材，其物理性能和化学性能稳定、适用范围广，又称聚酯合成石。

第二节　木材装饰材料

木材用于装饰已有悠久的历史。它除了具有材质轻、强度高、较好的弹性和韧性、耐冲击等优点，还对电、热和声音有高度的绝缘性，特别适合加工成型和涂饰。木材的品种繁多，在我国，优质的经济木材就有1 000多种，常见的有300多种，适用作装饰、雕刻的材料就有100多种。

一、木材的特性

木材主要具有以下特性。

①调节温度。木材的热导率较岩棉、混凝土、红砖、土墙等材料小，能调节温度。

②调节湿度。木材能随湿气的增减或气温的变化改变其含水率，故能调节空气中的湿度。

③视觉效果舒适。瓷砖的反射率为70%～80%，而木材的反射率为55%～65%，所以木材能使眼睛舒服，身心舒畅。

④隔声吸音效果和电绝缘性好。由于木材是多孔性材料，其纤维结构和细胞内停滞的是空气，而空气是热、电的不良导体，因此，木材的隔声吸音效果和电绝缘性好。

⑤热放射性能高。木材的辐射率高达0.9以上，能保持室内温度。

⑥适当的温冷触感。人的手脚接触材料时，会引起热量的传递，而木材和毛巾、棉布很接近，故较暖和。

⑦硬暖感适中。高密度的物体，有较大的压力感和冰冷感，木材的硬暖感属于中等。

⑧有一定的粗滑感。木材的动摩擦系数属中等，具有一定的粗滑感，而大理石、瓷砖很光滑。

⑨自然的纹理。木材有规则和不规则的纹理，将它们混在一起，能给人自然舒适的感觉。

二、木材的分类

（一）按树种分类

按树种分类，木材可分为针叶树和阔叶树两大类，见表 4-3。

表 4-3　木材按树种分类

种类	特点	用途	常见树种
针叶树	树叶细长呈针状，树干直而高大。木质较软，易于加工，强度较高，堆积密度较小，胀缩变形较小	是建筑中主要使用的树种，多用于制作承重构件、门窗等	松树、柏树、杉树等
阔叶树	树叶宽大呈片状，大多为落叶树，树干的通直部分较短。木质较硬，加工较困难，表观密度较大，易胀缩、翘曲、开裂	常用于制作内部装饰次要的承重构件和胶合板等	榆树、桦树、水曲柳等

（二）按加工程度和用途分类

1.原条

原条是指去除根、梢（皮），但未按标定的规格尺寸加工的原始木材。

2.原木

原木是在原条的基础上，按一定的直径和长度尺寸加工而成的木料。

3.锯材

锯材是指已加工锯解到一定尺寸的成材木料。通常将宽度为厚度 3 倍以上的木料称为板材；宽度不足厚度 3 倍的矩形木料称为方材。

三、木材的化学成分

木材的化学成分有两大类。

第一类是：占木质总量 90%的主要物质。其中主要是糖类，约占木质的 3/4，以水溶性多糖（如纤维素、半纤维素、果胶质等）的形式存在，除此之外，还含有木质素、无机成分。

第二类是：浸提物质。包括挥发油、树脂、鞣质和其他酚类化合物等。

四、木材的物理性质

木材的物理性质包括木材的吸水性、密度、干缩、湿胀，以及木料在干缩过程中所发生的缺陷、导热、导电、吸湿、透水等。

木材中水的含量即含水率，它的大小直接影响木材的强度和体积。木材的含水率越高，其强度越低；含水率越低，其强度越高。树种不同，含水率也不同，一般树种的含水率在40%～60%。木材中的水分可分为三种，即自由水、吸附水和化合水。在一定温度和湿度的空气中，干燥的木材能从空气中吸收水分，潮湿的木材能向周围释放水分，直到木材的含水率与周围空气的相对湿度达到平衡为止。木材吸湿或干燥至与空气湿度相平衡时的含水率称为平衡含水率。木材的吸湿性指木材从空气中吸收水蒸气或其他液体蒸气的性能。木材的吸湿性会使木材的物理性质随着平衡含水率的变化而变化。在使用木材时，其含水率应接近或稍低于平衡含水率。

五、木材的力学性能

木材的力学性能是指木材抵抗外力作用的性能，一般从硬度、弹性、刚性、塑性、韧性等方面进行核定。其中，硬度是指木材抵抗其他物体压入的能力；弹性是指外力停止后，木材恢复原来的形状和尺寸的能力；刚性是指木材抵抗形状变化的能力；塑性是指木材保持形变的能力；韧性是指木材发生最大形变而不致破坏的能力。

六、木制品

（一）木地板

随着科学技术的发展，木材的综合利用技术有了突飞猛进的发展，越来越多价廉物美、形式多样、用途广泛的木制品应运而生。

木地板按生产方式可分为实木地板、实木复合地板、复合木地板、竹木地板和软木地板等。

1.实木地板

实木地板是利用木材的加工性能，采用横切、纵切以及拼接方法制成的木地板。其以润泽的质感、良好的触感、高贵的观感、自然环保的美感，受到人们的推崇。

实木地板可分为平口实木地板、企口实木地板、拼花实木地板、竖木地板、指接实木地板、集成地板等。

（1）平口实木地板

平口实木地板的外形为长方体、四面光滑、直边，生产工艺较简单。其优点是可根据个人爱好设计出多种图案，适用于地面及墙面装饰。常用规格有155 mm×28.5 mm×8 mm、250 mm×50 mm×10 mm、300 mm×60 mm×10 mm。

（2）企口实木地板

企口实木地板的板面呈长方形，其中一侧有榫，一侧有槽口，榫与槽口相接，背面开有抗变形槽。目前市场上大量的木地板属这一类。一般规格为（600～1500）mm×（60～120）mm×（10～20）mm。

（3）拼花实木地板

拼花实木地板是将木条以一定规格和木材纹理排成正方形。其加工精度要求很高，生产工艺讲究，属于高级地板。

（4）竖木地板

竖木地板是以木材横切面为板面，采用天然的年轮图案，拼接黏合成400 mm×400 mm、500 mm×500 mm、600 mm×600 mm的具有木材断面图案的一种新型木地板。竖木地板是一种物美价廉、加工简单（只需横切打磨）的材料。

（5）指接实木地板

指接实木地板采用宽度相等、长度不等的小木条黏结而成，具有强度大、接口严、不易变形的特点。指接实木地板也常做成大木板产品。

（6）集成地板

集成地板又称拼接地板，由宽度相同的大小木板条黏结起来，然后将多片指接体横向拼接而成。其特点是幅面大、性能稳定、不易变形。

2.实木复合地板

近几年来，市场上出现了大量高档的实木地板，如紫檀、鸡翅木、红豆木、酸枝木、乌木等地板。实际上这类实木地板大多是一种复合体，一般由三层或多层组成。它既保留了实木地板的天然特性，又突出了高档地板的装饰性，并大大降低了成本，提高了木材的使用率。在许多家具制作中，人们也采用了类似的材料。

（1）分类

实木复合地板可分为三层实木复合地板、多层实木复合地板和细木工贴面地板。

①三层实木复合地板。由三层实木交错层压而成，表层为优质硬木规格板条镶拼板，芯层为软木板条，底层为旋切单板。

②多层实木复合地板。是以多层胶合板为基材，其表层以优质硬木片镶拼板或刨切单板为面板，通过脲醛树脂胶交错热压而成。

③细木工贴面地板。是以细木工板作为基材板层，用名贵硬木树种作为表层，经热压机热压而成。

（2）特点

①结构对称，相邻层板之间的纤维互相垂直。

②规格尺寸大、不易变形、不翘曲、尺寸稳定性好。

③施工简单，只需铺设安装。

④具有阻燃、绝缘、防潮、耐腐蚀等性质。

⑤含有甲醛，易造成空气污染。

3.复合木地板

复合木地板是近几年市场上用量较大的一种人造地板，又称强化木地板。

（1）结构

复合木地板的结构一般分为四层：耐磨层、装饰层、芯层和防潮层。

①耐磨层。主要成分为三氧化二铝，三氧化二铝含量越大，地板表面的耐磨性就越好。

②装饰层。主要采用计算机仿真技术制造印刷纸，可仿各种树种及天然石材的花纹，效果逼真，用三聚氰胺浸渍，可制成防腐、防水、耐酸碱、抗紫外线、不易褪色的装饰层。

③芯层。采用高密度纤维板和中密度板，在高温高压下胶结压制而成。地板强化密度的高低直接受到芯层质量的影响，因此对芯层要求很高。

④防潮层。又称底层，作用是防潮和防止复合木地板变形。一般用牛皮纸在三聚氰胺中浸渍而得。

（2）优缺点

①优点。耐磨性好、不变色、品种多、色彩典雅、防静电、耐酸碱、耐热、耐香烟灼烧，而且抗污染性较好，容易清洗；施工时，可以粘，也可以直接铺设；对基层平整度要求不高，与之配套使用的发泡塑料既解决了其弹性差的问题，也使施工更简单（将卡扣直接拼接压紧即可）。

②缺点。复合木地板的脚感没有实木地板好；使用时间较长时，其接缝处易发生起翘现象；接口明显（特别是价位较低的复合木地板）；不同质量的复合木地板，耐磨性也不同，复合木地板的耐磨性通常用“转”来表示，质量好的复合木地板的耐磨性在 1 800 转以上，也有一部分复合木地板的转数不足，耐磨性差，在使用多的地方易发生磨损。

4.竹木地板

竹木地板多采用天然优质楠竹，经刨开、压平、切削，与木材结合在一起，充分利用了竹材硬度大、质细、不易变形、纤维长的特点，是一种优质地板。按竹材结构不同，竹木地板可分为侧压竹木地板、竹皮地板、竹拼块地板、竹丝地板。

（1）侧压竹木地板

将圆竹刨开，压型成为窄条板，将窄条板侧压黏结成型得到侧压竹木地板。侧压竹木地板的特点是结构致密、硬度大、不易变形、耐腐蚀性好。

（2）竹皮地板

竹皮地板是将受过挤压的竹板除去表皮部分，并与竹板丝横压三层形成表面带有天然绿竹表皮颜色的地板。竹表皮光滑、结构细、天然纹路清晰，竹皮地板是竹木地板中的上品。

（3）竹拼块地板

竹拼块地板是将竹板加工成麻将块状，黏结在一起作表面，与长条形竹板三层黏结而成的地板。其质感强、表面细致，属艺术性较强的高档地板。近几年来，大量出口日本、美国、韩国等。

（4）竹丝地板

竹丝地板是将竹子加工成竹丝纤维，密结成型的地板。

5.软木地板

软木地板是以软质木为原料经压缩烘焙等加工而成的地板。它不仅具有可压缩性、弹性、不透气、不透水、耐油、耐酸、耐皂液等性质，还具有良好的绝热、减振、吸声、隔声、摩擦系数大、耐磨等优异性能。经漂染，其可成为彩色拼花地板，可取代地毯。

（二）木装饰线条

木装饰线条简称木线，选用质硬、结构细密、材质较好的木材，经过干燥处理后，再经机械加工或手工加工而成。木装饰线条在室内装饰中主要起固定、连接、加强装饰效果的作用。

1.形状和种类

木装饰线条的种类繁多，各种木装饰线条的形状及规格，如图 4-1 和图 4-2 所示。

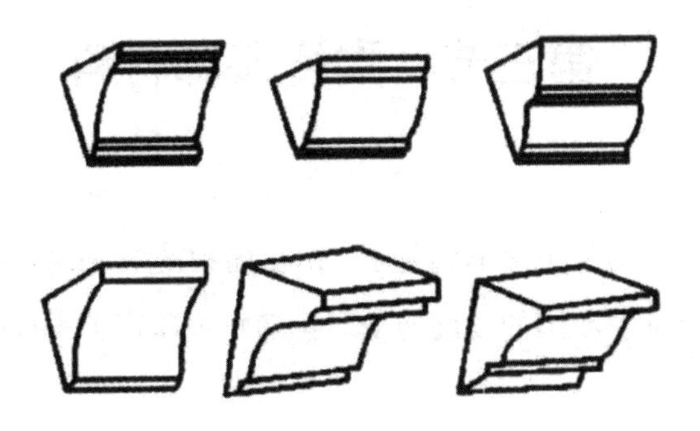

图 4-1　木装饰角线

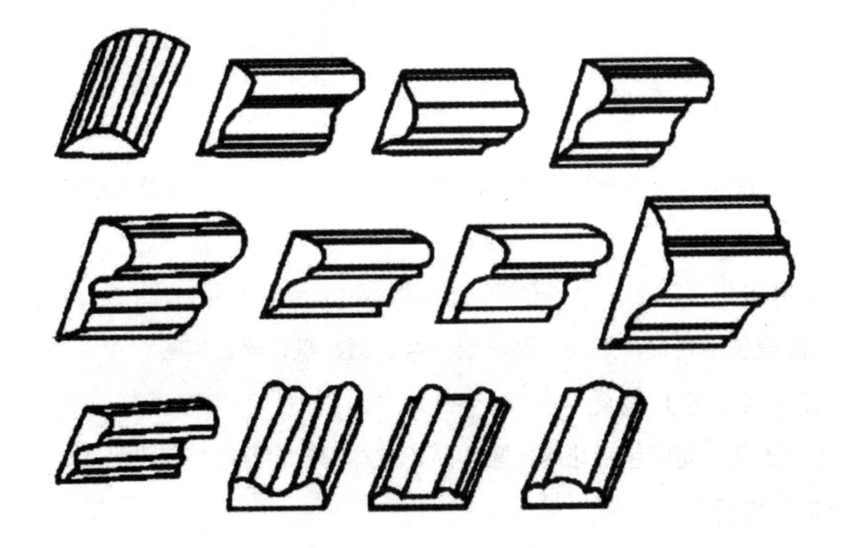

图 4-2　木装饰边线

木装饰线条按材质可分为水曲柳木线、泡桐木线、樟木线、柚木线、胡桃木线等；按功能可分为压边线、柱角线、压角线、墙角线、墙腰线、上楣线、覆盖线、封边线、镜框线等；按外形可分为半圆线、直角线、斜角线等；按款式可分为外凸式、内凹式、凸凹结合式、嵌槽式等。

2.应用

木装饰线条具有表面光滑，棱角、棱边、弧面、弧线垂直，轮廓分明，耐磨，耐腐蚀，不劈裂，上色性好，黏结性好等特点，在室内装饰中应用广泛，主要用于顶棚线和顶棚角线的装饰。

第三节　陶瓷装饰材料

我国陶瓷的生产经历了由简单到复杂、由粗糙到精细、由无釉到施釉、由低温到高温的过程，它不但见证了我国的发展历史，也清晰地印证了科技的变迁。

一、陶瓷的分类

（一）按用途分类

按用途，陶瓷可分为日用陶瓷、艺术（工艺）陶瓷、工业陶瓷、建筑陶瓷、卫生陶瓷五大类。

1.日用陶瓷

日用陶瓷包括餐具、茶具、缸、坛、盆、罐、盘、碟、碗等。

2.艺术（工艺）陶瓷

艺术（工艺）陶瓷包括花瓶、雕塑品、园林陶瓷、器皿、陈设品等。

3.工业陶瓷

工业陶瓷是指应用于各种工业的陶瓷制品。如供电的瓷绝缘子及坦克、汽车、火箭里面都有陶瓷制品。

4.建筑陶瓷

建筑陶瓷包括砖瓦、排水管、面砖、外墙砖等。

5.卫生陶瓷

卫生陶瓷是指卫生间用的陶瓷洁具，如陶瓷坐便器、陶瓷面盆等。

（二）按是否施釉分类

按是否施釉，陶瓷可分为有釉陶瓷（正面施釉的陶瓷）和无釉陶瓷（正面不施釉的陶瓷）。

（三）按结构特点分类

按结构特点，陶瓷可分为陶质制品、瓷质制品和炻质制品三大类。

1.陶质制品

陶质制品烧结程度低，为多孔结构，断面粗糙无光，敲击时声音喑哑，通常吸水率高、强度低。根据原料杂质含量的不同，陶质制品可分为粗陶和精陶两种。粗陶一般以含杂质较多的砂黏土为主要坯料，表面不施釉。建筑上常用的黏土砖、瓦等均属此类。精陶是以可塑性黏土、高岭土、长石、石英为原料，一般经素烧和釉烧两次烧成，坯体呈白色或象牙色，吸水率为9%～12%，最高可达17%，建筑上所用的釉面内墙砖和卫生陶瓷等均属此类。

2.瓷质制品

瓷质制品烧结程度高，结构致密，呈半透明状，敲击时声音清脆，几乎不吸水，颜色洁白，耐酸性、耐碱性、耐热性均好。其表面通常施有釉层，瓷质制品按其原料的化学成分与制作工艺，可分为粗瓷和细瓷两种。日用餐具、茶具、艺术陈设瓷器及电瓷等多为瓷质制品。

3.炻质制品

介于陶质和瓷质之间的一类制品就是炻质制品，也称半瓷。其结构致密性略低于瓷质，一般吸水率较小，其坯体多数带有颜色。炻质制品按其坯体的密实程度，分为细炻质制品和粗炻质制品两种。细炻质制品较致密，吸水率一般小于2%，多为日用器皿、陈设用品；粗炻质制品的吸水率较高，通常为4%～8%，建筑饰面用的外墙砖、地砖和陶瓷锦砖等均属此类。

（四）按吸水率分类

按吸水率，陶瓷砖可分为瓷质砖、炻瓷砖、细炻砖、炻质砖、陶质砖五大类。不同陶瓷砖的吸水率及用途见表4-4。

表 4-4　不同陶瓷砖的吸水率及用途

类别	吸水率	用途
瓷质砖	≤0.5%	用于高级地面、墙面、幕墙的装饰
炻瓷砖	0.5%～3%	适用于较高档次的室内外墙面、地面的装饰
细炻砖	3%～6%	适用于一般档次的室内外墙面、地面的装饰
炻质砖	6%～10%	适用于一般档次的室内墙面、地面的装饰
陶质砖	＞10%	用于低档的卫生间内墙面的装饰，不宜用在室外和地面

二、陶瓷制品

（一）釉面砖

釉面砖是用于建筑物内墙面装饰的薄板状精陶制品，又称内墙面砖。陶瓷表面施釉，制品经釉烧后表面平滑、光亮，颜色丰富，是一种高级内墙装饰材料。釉面砖正面施釉，背面有凹凸纹，便于粘贴。主要用于建筑物室内的厨房、卫生间、餐厅等部位的装饰。釉面砖的主要种类及特点见表 4-5。

表 4-5　釉面砖的主要种类及特点

种类		特点
白色釉面砖		色纯白、釉面光亮、简洁大方
彩色釉面砖	有光彩色釉面砖	釉面光亮晶莹，色彩丰富、雅致
	无光彩色釉面砖	釉面半无光、不晃眼，色泽一致、柔和
装饰釉面砖	花釉砖	彩色釉相互渗透，花纹丰富多样，装饰效果好
	结晶釉面砖	晶花辉映、纹理多姿
	斑纹釉面砖	斑纹釉面、丰富生动
	理石釉面砖	具有天然大理石花纹，颜色丰富、美观大方
图案砖	白底图案砖	纹样清晰、色彩明朗
	彩色图案砖	具有浮雕、缎光、绒毛、彩漆等效果
字画釉面砖		色彩丰富、不易褪色

1.规格尺寸

无论是单色釉面砖，还是彩色釉面砖，基本上是由正方形、长方形和特殊位置使用的异型配件砖组成。釉面砖的常用规格有 108 mm×108 mm×5 mm、152 mm×152 mm×5 mm、200 mm×150 mm×5 mm 等。另外，为满足建筑物内部阴、阳角处的贴面等要求，还有各种异型配件砖，如阴角砖、阳角砖、压顶砖、腰线砖等。近几年来釉面砖逐渐向大尺寸发展，如 350 mm×（250～350）mm、450mm×（350～450） mm、500 mm×（350～500）mm 等，其厚度为 30～50 mm 不等。

2.质量要求

釉面砖按其表面质量分为优等品、一级品、合格品三个等级。釉面砖的表面质量要求见表 4-6。

表 4-6　釉面砖的表面质量要求

<table>
<tr><th colspan="2" rowspan="2">表面缺陷</th><th colspan="3">表面质量要求</th><th rowspan="2">说明</th></tr>
<tr><th>优等品</th><th>一级品</th><th>合格品</th></tr>
<tr><td>缺陷名称</td><td>缺釉、斑点、裂纹、落脏、棕眼、溶洞、釉缕、釉泡、烟熏、开裂、磕碰、剥边</td><td>距砖面 1 m 处目测，可见缺陷不超过 5%</td><td>距砖面 2 m 处目测，可见缺陷不超过 5%</td><td>距砖面 3 m 处目测，缺陷不明显</td><td rowspan="5">在产品的侧面和背面不许有妨碍黏结的附着釉及其他影响使用的缺陷存在。釉面上人为装饰效果的偏差不算缺陷</td></tr>
<tr><td rowspan="4">最大允许变形</td><td>中心弯曲度（%）</td><td>±0.5</td><td>±0.6</td><td>−0.6～+0.8</td></tr>
<tr><td>翘曲度（%）</td><td>±0.5</td><td>±0.6</td><td>±0.7</td></tr>
<tr><td>边直度（%）</td><td>±0.5</td><td>±0.6</td><td>±0.7</td></tr>
<tr><td>直角度（%）</td><td>±0.6</td><td>±0.7</td><td>±0.8</td></tr>
<tr><td colspan="2">色差</td><td>基本一致</td><td>不明显</td><td>较明显</td><td>白度由供需双方商定</td></tr>
<tr><td colspan="2">背面磕碰</td><td>深度<1/2 砖厚</td><td colspan="2">不影响使用</td><td></td></tr>
<tr><td colspan="2">分层、开裂、釉裂</td><td colspan="3">不得有结构缺陷存在</td><td></td></tr>
</table>

（二）墙地砖

陶瓷外墙面砖和地面砖都属于炻质材料，虽然它们在外观形状、尺寸及使用部位都有不同，但由于它们在性能上的相似性，因此部分产品可用作墙地通用面砖。因此，通常把外墙面砖和地面砖统称为陶瓷墙地砖。

1.墙地砖的种类与特点

（1）按配料和制作工艺分类

按配料和制作工艺，墙地砖可分为平面、麻面、毛面、磨光面、抛光面、纹点面、压花浮雕表面、防滑面，以及丝网印刷、套花、渗花等品种。其中，抛光面墙地砖的技术比较成熟，市场普及率较高。

（2）按表面装饰分类

按表面装饰，墙地砖可分为无釉和有釉两种。表面不施釉的称为单色砖；表面施釉的称为彩釉砖。彩釉砖又可根据釉面装饰的种类和花色进行细分。例如立体彩釉砖、仿花岗石面砖、斑纹釉砖、结晶釉砖、有光彩色釉砖、仿石光釉面砖、图案砖、花釉砖等。

（3）按使用位置分类

按使用位置，墙地砖可分为外墙面砖、地面砖、通用墙地砖、线角砖、梯沿砖（楼梯踏步专用砖）等。

2.墙地砖的规格尺寸及质量要求

（1）规格尺寸

在陶瓷墙地砖中，从正方形到长方形，从100～600 mm边长尺寸的产品均有生产，详细尺寸见表4-7。厚度由生产厂商自定，以满足使用强度要求为原则，一般为8～10 mm。墙面砖一般规格较小；地面砖规格较大。从墙地砖的发展趋势看，地面砖的规格向800 mm×800 mm及更大尺寸的正方形超大规格面砖方向发展。

表4-7　墙地砖的规格尺寸

（单位：mm）

彩釉砖	釉面砖	瓷质砖	劈离砖	红地砖
100×200×7	152×152×5	200×300×8	240×240×16	100×100×10
200×200×8	100×200×5.5	300×300×9	240×115×16	152×152×10
200×300×9	150×250×5.5	400×400×9	240×53×16	
300×300×9	200×200×6	500×500×11		
400×400×9	200×300×7	600×600×12		
异型尺寸	异型尺寸	异型尺寸	异型尺寸	异型尺寸

（2）质量要求

外墙镶贴面砖的质量要求见表 4-8。

表 4-8　外墙镶贴面砖的质量要求

项目	允许偏差/mm	检查方法
表面平整	2	用 2 m 靠尺板和楔形尺检查
立面垂直度	3	用 2 m 托线板检查
阴、阳角方正	2	用 20 cm 方尺检查
接缝高低差	1	用 2 m 靠尺板和楔形尺检查
分格条缝平直	3	拉 5 m 线，不足 5 m 的拉通线检查

（三）陶瓷锦砖

陶瓷锦砖俗称马赛克，又称纸皮砖，是以优质瓷土烧制成片状小瓷砖，再拼成各种图案反贴在底纸上的饰面材料。其质地坚硬、经久耐用、耐酸、耐碱、耐磨、不渗水、吸水率小（不大于 0.2%），是优良的室内外墙面（或地面）饰面材料。陶瓷锦砖每联的规格一般为 305.5 mm×305.5 mm。

（四）玻璃锦砖

玻璃锦砖是将玻璃烧制而成的小块贴于纸上而成的饰面材料，有乳白、珠光、蓝、紫等多种颜色。其特点是质地坚硬、性能稳定、表面光滑、耐热、耐冻、不龟裂。其背面呈凹形，有棱线条，四周有八字形斜角，使其与基层砂浆结合牢固。玻璃锦砖每联的规格为 325 mm×325 mm。

第四节　涂料装饰材料

建筑涂料，习惯称油漆，是指覆盖于建筑物表面，和涂覆物表面牢固地黏结在一起，能增加建筑物使用寿命，增强建筑物的色彩和质感的一种材料，它具有施工灵活、简单，造价低等特点，因此在建筑装饰中得到广泛的应用。

一、涂料

涂料品种繁多，适用范围广，分类方法也不尽相同。一般可按构成涂膜主要成膜物质及其化学成分、建筑涂料的使用功能、建筑物的使用部位等进行分类。

按构成涂膜主要成膜物质的化学成分，可将涂料分为有机涂料、无机涂料、有机-无机复合涂料三类。

（一）有机涂料

常用的有机涂料有以下三种类型。

1.溶剂型涂料

溶剂型涂料是以高分子合成树脂为主要成膜物质，以有机溶剂为溶剂，加入适量的填料、颜料（体质颜料）及助剂，经研磨而成的涂料。

2.水溶性涂料

水溶性涂料是以水溶性合成树脂为主要成膜物质，以水为溶剂，加入适量的颜料及助剂，经研磨而成的涂料。

3.乳液涂料

乳液涂料又称乳胶漆。它是由合成树脂借乳化剂的作用，以 0.1～0.5 μm 的极细微粒子分散于水中构成乳液，并以乳液为主要成膜物质，加入适当的颜料、填料及助剂，经研磨而成的涂料。

（二）无机涂料

无机涂料是历史上人们最早使用的涂料，如石灰水、大白粉等。但它们的耐水性差、涂膜质地疏松、易起粉，早已被以合成树脂为基料配置的各种涂料所取代。目前所使用的无机涂料是以水玻璃、硅溶胶、水泥等为基料，加入颜料、填料、助剂等，经研磨、分散而成的涂料。无机涂料价格低、资源丰富、无毒、不燃，具有良好的遮盖力，对基层材料的处理要求不高，可在较低条件下施工，涂膜具有良好的耐热性、保色性、耐久性等。无机涂料可用于建筑内外墙，是一种有发展前途的建筑涂料。

（三）有机-无机复合涂料

无论是有机涂料还是无机涂料，在单独使用时，都存在一定的局限性。对此，人们研制了有机-无机复合涂料，如聚乙烯醇水玻璃内墙涂料就比聚乙烯醇有机涂料的耐水性好。此外，硅溶胶和丙烯酸系列复合涂料在涂膜的柔韧性和耐候性方面效果更好。

二、填料

填料又称为填泥，是平整墙体、装饰构造表面的一种凝固材料，是油漆涂料施工前必不可少的准备材料。

（一）石灰粉

石灰粉是以碳酸钙为主要成分的白色粉末状物质，属于传统无机胶凝材料。石灰粉分为生石灰粉与熟石灰粉。生石灰粉是由块状生石灰磨细而得到的细粉，生石灰粉可以用于防潮、消毒，可撒在要铺设的实木地板的地面上，或加水调和成石灰水涂刷在庭院树木的茎秆上，有防虫、杀虫的效果。熟石灰粉是块状生石灰用适量水熟化而得到的粉末，又称为消石灰，熟石灰粉与水泥砂浆配制出石灰砂浆或水泥石灰混合砂浆，主要用于砌筑构造的中层或表层抹灰，在此基础上再涂刮专用腻子与油漆涂料，其表层材料的吸附性会更好。

（二）石膏粉

石膏粉的主要原料是天然二水石膏，又称为生石膏。它具有凝结速度比较快、硬化后具有膨胀性、凝结硬化后孔隙率大、防火性能好、可调节室内温度等特点，同时具备保湿、隔热、吸声、耐水、抗渗、抗冻等功能。

现代装修所用的石膏粉多为改良产品。在传统石膏粉中加入增稠剂、促凝剂等添加剂，能使石膏粉与基层墙体、构造结合得更完美。石膏粉主要用于修补石膏板吊顶、隔墙填缝，刮平墙面上的线槽，刮平未批过石灰的水泥墙面、墙面裂缝等，能使表面具有防开裂、固化快、硬度高、易施工等特点。

（三）腻子粉

腻子粉是指在油漆涂料施工之前，对施工界面进行预处理的一种成品填充材料，主要目的是填充施工界面的孔隙并矫正施工面的平整度，为获得均匀、平滑的施工界面打好基础。

腻子粉主要由双飞粉（碳酸钙）、淀粉胶、纤维素组成，其中淀粉胶是一种溶于水的胶，遇水溶化，不耐水，适用于干燥地区。如果用于潮湿地区，所用材料需要具有耐水、高黏结强度的特点，则腻子粉中还要加入水泥、有机胶粉、保水剂等配料。一般多将腻子粉加清水搅拌调和，即可得到能立即用于施工的成品腻子。此外，对于彩色墙面，可以采用彩色腻子，即在成品腻子中加入矿物颜料，如铁红、炭黑、铬黄等。

（四）原子灰

原子灰是一种不饱和聚酯树脂腻子，由不饱和聚酯树脂及各种填料、助剂制成，与硬化剂按一定比例混合，具有易刮涂、常温快干、易打磨、附着力强、耐高温、配套性好等优点，是各种底材表面填充的理想材料。

原子灰的作用与上述腻子粉一致，只不过腻子粉主要用于墙顶面乳胶漆、壁纸的基层施工，而原子灰主要用于金属、木材表面刮涂，或与各种底漆、面漆配套使用。

第二部分　施工工艺研究

第五章　墙面装饰工程施工工艺

第一节　抹灰类饰面施工

一、抹灰工程分类

抹灰工程是最为直接也是最初始的装饰工程。抹灰的施工顺序，一般应遵循“先室外后室内、先上面后下面、先顶棚后墙地”的原则。

抹灰工程按使用的材料和装饰效果分为一般抹灰、装饰抹灰和特殊抹灰三种。

（一）一般抹灰

一般抹灰是指把抹灰材料涂抹在墙面或顶棚的做法，对房屋有找平、保护、隔热保温、装饰等作用。一般抹灰通常分为普通抹灰、中级抹灰和高级抹灰三个级别。一般抹灰所用的材料有水泥砂浆、水泥混合砂浆、聚合物水泥砂浆、膨胀珍珠岩水泥砂浆、石灰砂浆、麻刀灰、纸筋灰、石膏灰等。

（二）装饰抹灰

装饰抹灰是指通过选用适当的抹灰材料及施工工艺等，使抹灰面层具备装饰效果而无须再做其他饰面。

装饰抹灰的底层和中层与一般抹灰相同，但面层材料有区别，装饰抹灰的面层材料主要有水泥石子浆、水泥色浆、聚合物水泥砂浆等。

（三）特殊抹灰

特殊抹灰是指为了满足某些特殊的要求（如保温、耐酸、防水等）而采用保温砂浆、耐酸砂浆、防水砂浆等进行的抹灰。

二、抹灰材料

抹灰工程所用材料主要有胶结材料（如水泥、石灰、石膏）、骨料（如砂、石料、彩色石粒、膨胀珍珠岩、膨胀蛭石）、纤维材料（如麻刀、纸筋、玻璃纤维）、颜料（有机颜料、无机颜料）、化工材料（如 107 胶、甲基硅醇钠、木质素磺酸钙）。用量应根据施工图纸要求计算，按施工平面布置图的要求分类堆放，以便检验、选择和加工。

（一）水泥

宜采用普通水泥或硅酸盐水泥，也可采用矿渣水泥、火山灰水泥、粉煤灰水泥及复合水泥。同一工程，宜采用颜色一致、同一批号、同一品种、同一强度等级、同一厂家生产的水泥。

（二）砂

宜采用平均粒径为 0.35～0.5 mm 的中砂，在使用前应根据使用要求过筛，筛好后需保持洁净。

（三）磨细石灰粉

磨细石灰粉的细度应过 0.125 mm 的方孔筛，累计筛余量不大于 13%，使用前用水浸泡使其充分熟化，熟化时间不小于 3 d。

浸泡方法：提前备好大容器，均匀地往容器中撒一层生石灰粉，浇一层水，然后再撒一层，再浇一层水，依次进行，当达到容器体积的 2/3 时，把容器装满水，使石灰粉熟化。

（四）石灰膏

石灰膏与水调和后具有凝固时间快，并在空气中硬化，硬化时体积不收缩的特性。用块状生石灰淋制时，要将其用筛网过滤，贮存在沉淀池中，使其充分熟化。常温下，熟化时间一般不少于 15 d，用于罩面灰时不少于 30 d。使用时，石灰膏内不得含有未熟化的颗粒和其他杂质。对于在沉淀池中的石灰膏要加以保护，防止其干燥、冻结。

（五）纸筋

采用白纸筋或草纸筋施工时，使用前要用水浸透（时间不少于 3 周），并将其捣烂成糊状。用于罩面时，宜用机械碾磨细腻，也可制成纸浆。要求稻草、麦秆应坚韧、干燥、不含杂质，其长度不得大于 30 mm，稻草、麦秆应经石灰浆浸泡处理。

（六）麻刀

麻刀必须柔韧、干燥，不含杂质。行缝长度一般为 10～30 mm，用前 4～5 d 应将其敲打松散并用石灰膏调好。

三、抹灰常用的机具

抹灰工程的常用机具包括麻刀机、砂浆搅拌机、纸筋灰拌和机、窄手推车、铁锹、筛子、水桶、灰槽、灰勺、刮杠（大 2.5 m，中 1.5 m）、靠尺板（2 m）、线坠、钢卷尺、方尺、托灰板、铁抹子、木抹子、塑料抹子、八字靠尺、方口尺、阴阳角抹子、长舌铁抹子、金属水平尺、捋角器、软水管、长毛刷、钢丝刷、喷壶、小线、钻子（尖、扁）、粉线袋、铁锤、钳子、钉子、托线板等。

四、抹灰基本操作

（一）内墙面一般抹灰

室内墙面抹灰，包括在混凝土、砖砌体、加气混凝土砌块等墙面上抹灰。

1.施工流程

抹灰的一般施工流程为：基层处理→弹线、找规矩、套方→做灰饼、标筋→做护角→抹灰→抹面层灰。

2.施工要点

（1）基层处理

基层处理是抹灰工程的第一道工序，也是影响抹灰工程质量的关键，目的是增强基体与底层砂浆的黏结，消除空鼓、裂缝和脱落等质量隐患，因此基层表面应将凸出部位剔平，光滑部位凿毛，清理干净残渣污垢、隔离剂等。不同基体应符合下列规定：砖砌体应清除表面杂物、尘土，抹灰前应洒水湿润。其目的是避免抹灰层过早脱水，影响强度，产生空鼓。混凝土表面应凿毛，或在表面洒水润湿后涂刷 1∶1 水泥砂浆（加适量胶黏剂）。加气混凝土应在湿润后，边刷界面剂边抹强度不大于 M5 的水泥混合砂浆。

（2）弹线、找规矩、套方

弹线、找规矩、套方，即四角找方、横线找平、竖线吊直，弹出顶棚、墙裙及踢脚板线。根据设计，如果墙面另有造型时，按图纸要求实测弹线或画线标出。

找规矩的方法是先用托线板全面检查砖墙表面的垂直平整程度，根据检查的实际情况并依据抹灰的总平均厚度，来决定墙面抹灰的厚度。

（3）做灰饼、标筋

抹灰操作应保证其平整度和垂直度。大面积施工中常用的手段是做灰饼和标筋。较大面积墙面抹灰时，为了控制设计要求的抹灰层平均总厚度尺寸，先在上方距顶棚与墙角 10～20 cm 处做灰饼即标志块（可采用底层抹灰砂浆），大致呈 5 cm 见方（厚度为抹灰厚度）。并在门窗洞口等部位加做灰饼，灰饼的厚度以使抹灰层达到平均总厚度（宜为基层至中层砂浆表面厚度尺寸而留出抹面厚度）为目的，并以确保抹灰面最终的平整、垂直所需的厚度尺寸为准。然后以上部做好的灰饼为准，按间距 1.2～1.5 m，加做若干灰饼并用线锤吊线做墙下角的灰饼（通常设置于踢脚线上口）。灰饼收水（七八成干）后，在各排上下灰饼之间做砂浆标志带，该标志带称为标筋或冲筋，采用的砂浆与灰饼相同，宽度为 100 mm 左右，分 2～3 遍完成并略高出灰饼，然后用刮杠（传统的刮杠为木杠，目前多以较轻便而不易变形的铝合金方通杆件取代）将其搓抹至与灰饼齐平，同时将标筋的两侧修成斜面，以使其与抹灰层接茬密切、顺平。标筋的另一种做法是采用横向水平标筋，较有利于控制大面与门窗洞口在抹灰过程中保持平整。

（4）做护角

为防止门窗洞口及墙（柱）面阳角部位的抹灰饰面在使用中被碰撞损坏，应采用 1∶2 水泥砂浆抹制暗护角，以增加阳角部位抹灰层的硬度和强度。护角部位的高度不应低于 2 m，每侧宽度不应小于 50 mm。以标筋厚度为准，在地面划好准线，根据抹灰层厚度粘稳靠尺板并用托线板吊垂直。在靠尺板的另一边墙角分层抹护角的水泥砂浆，其外角与靠尺板外口平齐；一侧抹好后把靠尺板移到该侧用卡子稳住，并吊垂线调直靠尺板，将护角另一面水泥砂浆分层抹好；然后轻手取下靠尺板。待护角的棱角略收水后，用阳角抹子和素水泥浆抹出小圆角。最后在阳角两侧分别留出护角宽度尺寸，将多余的砂浆以 45° 斜面切掉。对于特殊用途房间的墙（柱）阳角部位，其护角可按设计要求在抹灰层中埋设金属护角线。

（5）阴阳角抹灰

用阴阳角方尺检查阴阳角的直角度，并检查垂直度，然后确定抹灰厚度，浇水湿润。

用木制阴角器和阳角器分别在阴阳角处抹灰，先抹底层灰，使其基本达到直角，再抹中层灰，使阴阳角方正。

（6）底、中层抹灰

在标筋及阳角的护角条做好后，即可进行底层和中层抹灰。将底层和中层砂浆批抹于墙面标筋之间。底层抹灰七八成干（用手指按压有指印但不软）时即可抹中层灰，厚度略高出标筋，然后用刮杠按标筋高度刮平。待中层抹灰面全部刮平时，再用木抹子搓抹一遍，使表面密实、平整。

墙面的阴角部位，先用方尺上下核对方正，然后用阴角抹具（阴角抹子及带垂球的阴角尺）抹直、接平。如果标筋强度小，进行底、中层抹灰刮平时，容易将标筋刮坏产生凹凸现象，不利于找平；如果在标筋强度过高时进行底、中层抹灰刮平，会出现标筋高于墙面现象而产生抹灰不平等通病。

（7）抹面层灰

在中层砂浆凝结之前（七八成干）可抹面层灰。先在中层灰上洒水，然后将面层砂浆分遍均匀抹涂上去，一般应按从上而下、从左向右的顺序进行抹涂。抹满后用铁抹子分遍压实、压光，面层抹灰必须保证平整、光洁、无裂痕。冬季施工时，抹灰的作业面温度不宜低于 5 ℃；抹灰层初凝前不得受冻；用石灰砂浆抹灰时，应待前一抹灰层七八成干后方可抹后一层；底层的抹灰层强度不得低于面层的抹灰层强度。当抹灰总厚度等于或大于 35 mm 时，应采取加强措施。水泥砂浆拌好后，应在初凝前用完，凡硬结的砂浆不得继续使用。水泥砂浆抹灰层应在抹灰 24 h 后进行养护。抹灰层在凝结前，应防止快干、水冲、撞击和震动。

（二）外墙面一般抹灰

1.检查与交接

外墙抹灰工程施工前，应先安装钢木门窗框、护栏等，并应填充结构施工时的残留孔洞；应检查门窗框、阳台栏杆及各种后续工程预埋件等的安装位置和质量。

2.基体及基层处理

同内墙面抹灰。

3.找规矩、做灰饼、标筋

建筑外墙面抹灰同内墙面抹灰一样要设置标筋，但因为外墙面自地坪到檐口的整体抹灰面过大，门窗、雨篷、阳台、明柱、腰线、勒脚等都要横平竖直，而抹灰操作必须自上而下逐一进行。

4.贴分隔条

外墙大面积抹灰饰面，为避免罩面砂浆收缩后产生裂缝等不良效果，一般均设计有分隔缝，分隔缝同时具有美观的作用。为使分隔缝平直、规矩，抹灰施工时应粘贴分隔条。

在底灰抹完之后要用刮尺擀平，然后根据图纸弹线分隔，按已弹好的水平线和分隔尺寸弹好分隔线，水平方向的分隔条宜粘贴在水平线下边（如设计有竖向分隔线时，其分隔条可粘贴于垂直弹线的左侧）。粘贴时，分隔条两侧需用水泥浆嵌固稳定，其灰浆两侧抹成斜面。当天抹面即可起出的分隔条，其两侧灰浆斜面可抹成 45°；当天不进行面层抹灰的分隔条，其两侧灰浆斜面应抹得陡一些，以呈 60° 角为宜。

5.抹灰

就一般底、中层抹灰而言，混凝土墙面可先涂刷一层胶黏性素水泥浆，然后用 1∶3 的水泥砂浆分层抹至与标筋相平，再用木杠刮平。当设计要求砖砌体采用水泥混合砂浆时，其配合比一般为水泥∶石灰∶砂=1∶1∶6（面层可采用 1∶0.5∶3）。其底层砂浆要注意充分压入墙面灰缝；应待底层砂浆具有一定强度后再抹中层，大面刮平，并用木抹子抹平、压实、扫毛。

6.面层抹灰

面层抹灰时可先薄刷一遍水泥砂浆，抹第二遍砂浆时与分隔条齐平，刮平、搓实、压光，再用刷子蘸水按统一方向轻刷一遍，以达到颜色一致并同时刷净分隔条上的砂浆；起出分隔条，随即用水泥浆勾好分隔缝。水泥砂浆抹灰完成 24 h 后开始养护，宜洒水养护 7 d 以上。

第二节　涂饰工程施工

一、涂饰工程的施工方法

（一）刷涂

刷涂是指人工利用漆刷蘸取涂料对被涂覆物进行涂饰的方法。

1.施工方法

刷涂时，头遍横涂，走刷要平直，有流坠马上刷开，回刷一次；蘸涂料要少，一刷一蘸，不宜蘸得太多，防止流淌；由上向下一刷紧挨一刷，不得留缝；第一遍干后刷第二遍，第二遍一般为竖涂。

2.施工注意事项

①上道涂层干燥后，再进行下道涂层，间隔时间依涂料性能而定。

②涂料挥发快的和流平性差的，不可过多重复回刷，注意每层厚薄一致。

③刷罩面层时，走刷速度要均匀，涂层要匀。

④第一道深层涂料稠度不宜过大，深层要薄，使基层快速吸收为佳。

（二）滚涂

滚涂是指利用涂料辊子蘸上少量涂料，在被涂面上、下垂直来回滚动施涂的施工方法。

1.施工方法

先把涂料搅匀调至施工黏度，少量倒入平漆盘中摊开。用辊筒均匀蘸涂料后在墙面或其他被涂物上滚涂。

2.施工注意事项

①平面滚涂时，要求选择流平性好、黏度低的涂料；立面滚涂时，要求选择流平性小、黏度高的涂料。

②不要用力压滚，要保证涂料厚薄均匀。不要将涂料全部压出后才蘸料，应使辊内保持一定量的涂料。

③接茬部位或滚涂一定量时，应用空辊子滚压一遍，以保护滚涂饰面的完整。

（三）喷涂

喷涂是指利用压力将涂料喷涂于物面上的施工方法。

1.施工方法

①将涂料调至施工所需稠度，装入贮料罐或压力供料筒中，关闭所有开关。

②打开空气压缩机调节贮料罐或压力供料筒中的压力，使其压力达到施工压力。施工喷涂压力一般在 0.4～0.8 MPa 范围内。

③喷涂作业时，手握喷枪要稳，涂料出口应与被涂面垂直；喷枪移动时应与被喷面保持平行；喷枪运行速度一般为400～600 mm/s。

④喷涂时，喷嘴与被涂面的距离一般控制在400～600 mm。

⑤喷枪移动范围不能太大，一般直线喷涂700～800 mm后下移折返喷涂下一行，一般选择横向或竖向往返喷涂。

⑥喷涂面的上下或左右搭接宽度为喷涂宽度的1/3～1/2。

⑦喷涂时应先喷门、窗附近，一般要求喷涂两遍成形（横一竖一）。

⑧喷枪喷不到的地方应用油刷、排笔填补。

2.施工注意事项

施工时应注意以下事项。

①涂料稠度要适中。

②喷涂压力过高或过低都会影响涂膜的质感。

③涂料开桶后要充分搅拌均匀，若有杂质，需将杂质过滤出去。

④涂层接茬需留在分隔缝处，以免出现明显的搭接痕迹。

（四）抹涂

抹涂是指用不锈钢抹子将涂料抹压到各类物面上的施工方法。

1.施工方法

①抹涂底层涂料：用刷涂、滚涂方法，先刷一层底层涂料做黏结层。

②抹涂面层涂料：底层涂料涂饰后2 h左右，即可用不锈钢抹子涂抹面层涂料，涂层厚度为2～3 mm；抹完后，间隔1 h左右，用不锈钢抹子拍抹饰面压光，使涂料中的黏结剂在表面形成一层光亮膜；涂层干燥时间一般为48 h以上，期间如未干燥，应注意保护。

2.施工注意事项

①抹涂饰面涂料时，不得回收落地灰，不得反复抹压。

②涂抹层的厚度为2～3 mm。

③工具和涂料应及时检查，如发现不干净或掺入杂物时，应清除或不用。

二、外墙涂饰工程施工

（一）外墙涂饰工程的一般要求

①涂饰工程所用涂料产品的品种应符合设计要求和现行有关国家标准的规定。

②施涂溶剂涂料时，混凝土和抹灰表面的含水率不得大于 8%；施涂水性和乳液型涂料时，混凝土和抹灰表面的含水率不得大于 10%。涂料与基层的材质应有恰当的配伍。

③涂料干燥前，应防止雨淋、尘土玷污和热空气的侵袭。

④涂料工程使用的腻子应坚实牢固，不得粉化、起皮。

⑤涂料的工作黏度和稠度必须加以控制，使其在涂料施涂时不流坠，无刷痕；施涂过程中不得任意稀释。

⑥双组分或多组分涂料在施涂前应按产品说明规定的配合比，根据使用情况分批混合，并在规定的时间内用完；所有涂料在施涂前和施涂过程中均应保持均匀。

⑦施涂溶剂型、乳液型和水性涂料时，后一遍施涂必须在前一遍涂料干燥后进行；每一遍涂料应施涂均匀，各层必须结合牢固。

⑧施涂水性和乳液型涂料时，应按产品说明进行温度控制。如在冬季室内施涂时，应在采暖条件下进行，室温应保持均衡，不得突然变化。

⑨建筑物的细木制品、金属构件与制品，如为工厂制作组装，其涂料宜在生产制作阶段施涂，最后一遍涂料宜在安装后施涂。

⑩涂料施工分阶段进行时，应以分隔缝、墙的阴角处或落水管处等为分界线。

⑪同一墙面应用同一批号的涂料，每遍涂料不宜施涂过厚，涂层应均匀、颜色一致。

（二）外墙涂饰工程的施工工序

外墙涂饰工程应根据涂料种类、基层材质、施工方法、表面花饰、涂料的配比与搭配等来安排恰当的工序，以保证质量合格。

1.混凝土表面、抹灰表面基层处理

①在涂饰涂料前，新建筑物的混凝土或抹灰基层应涂刷抗碱封闭底漆。

②旧墙面在涂饰涂料前应清除疏松的旧装修层，并涂刷界面剂。

③施涂前应修补基体或基层的缺棱掉角处，表面麻面及缝隙应用腻子补齐填平。

④基层表面上的灰尘、污垢、溅沫和砂浆流痕应清除干净。

⑤表面清扫干净后，最好用清水冲刷一遍，油污处可用碱水或肥皂水擦净。

2.混凝土及抹灰外墙表面的施涂工序

（1）薄质涂料

薄质涂料包括乳液薄涂料、溶剂型薄涂料、无机薄涂料等。薄质涂料的基本施工工序为：基层修补→清扫→填补腻子、局部刮腻子→磨平→第一遍涂料→复补腻子→磨平（光）→第二遍涂料。

（2）厚质涂料

厚质涂料包括合成树脂乳液厚涂料、无机厚涂料等。厚质涂料的基本施工工序为：基层修补→清扫→填补缝隙、局部刮腻子→磨平→第一遍厚涂料→第二遍厚涂料。

（3）复层涂料

复层涂料包括水泥系复层涂料、合成树脂乳液系复层涂料、硅溶胶系复层涂料及反应固化型合成树脂乳液系复层涂料。复层涂料的基本施工工序为：基层修补→清扫→填补缝隙、局部刮腻子→磨平→施涂封底涂料→施涂主层涂料→滚压→第一遍罩面涂料→第二遍罩面涂料。

三、内墙涂饰工程施工

（一）内墙涂料装饰的一般要求

①涂料施工应在抹灰工程、木装饰工程、水暖工程、电器工程等全部完工并经验收合格后进行。

②根据装饰设计的要求，确定涂饰施工的涂料材料，并根据现行材料标准，对材料

进行检查验收。

③要认真了解涂料的基本特性和施工特性。

④了解涂料对基层的基本要求，包括基层材质、坚实程度、附着能力、清洁程度、干燥程度、平整度、酸碱度等，并按其要求进行基层处理。

⑤涂料施工的环境温度不能低于涂料正常成膜温度的最低值，相对湿度也应符合涂料施工相应的要求。

⑥涂料的溶剂（稀释剂）、底层涂料、腻子等均应合理地配套使用，不得滥用。

⑦涂料使用前应调配好。双组分涂料的施工，必须严格按产品说明书规定的配合比，根据实际使用量分批混合，并在规定的时间内用完。

⑧所有涂料在施涂前及施涂过程中，必须充分搅拌，以免沉淀，影响施涂操作和施工质量。

⑨涂料施工前，必须根据设计要求，做出样板或样板间，经有关人员认可后方可大面积施工。样板或样板间应一直保留到工程验收为止。

⑩一般情况下，后一遍涂料的施工必须在前一遍涂料表面干燥后进行。每一遍涂料应施涂均匀，各层涂料必须结合牢固。

⑪采用机械喷涂时，应将不需施涂部位遮盖严实，以防玷污。

⑫建筑物中的细木制品、金属构件和制品，如为工厂制作组装，其涂料宜在生产制作阶段施涂，最后一遍涂料宜在安装后施涂；如为现场制作组装，组装前应先涂一遍底子油（干性油、防锈涂料），安装后再涂涂料。

⑬涂料工程施工完毕，应注意保护成品，保护成膜硬化条件及已硬化成膜的部分不受玷污。其他非涂饰部位的涂料必须在涂料干燥前清理干净。

（二）内墙涂料的施涂工序

1.混凝土及抹灰基层的施涂工序

（1）薄质涂料

清扫→填补腻子、局部刮腻子→磨平→第一遍刮腻子→磨平→第二遍刮腻子→磨平→干性油打底→第一遍涂料→复补腻子→磨平（光）→第二遍涂料→磨平（光）→

第三遍涂料→磨平（光）→第四遍涂料。

（2）厚质涂料

基层清扫→填补腻子、局部刮腻子→磨平→第一遍满刮腻子→磨平→第二遍满刮腻子→磨平→第一遍喷涂厚涂料→第二遍喷涂厚涂料→局部喷涂厚涂料。

（3）复层涂料

基层清扫→填补缝隙、局部刮腻子→磨平→第一遍满刮腻子→磨平→第二遍满刮腻子→磨平→施涂封底涂料→施涂主层涂料→滚压→第一遍罩面涂料→第二遍罩面涂料。

2.木材基层的施涂工序

木基层的施涂部位包括木墙裙、木护墙、木隔断、木挂镜线及各种木装饰线等。所用的涂料有溶剂型涂料、油性涂料等。

（1）溶剂型涂料的施工工序

清扫、起钉子、除油污等→铲去脂囊、修补平整→磨砂纸→节疤处点漆片→干性油或带色干性油打底→局部刮腻子、磨光→腻子处涂干性油→第一遍满刮腻子→磨光→刷涂底层涂料→第一遍涂料→复补腻子→磨光→湿布擦净→第二遍涂料→磨光（高级涂料用水砂纸）→磨光→第二遍满刮腻子→湿布擦净→第三遍涂料。

（2）清漆涂料的施工工序

清扫、起钉子、除去油污等→磨砂纸→润粉→磨砂纸→第一遍满刮腻子→磨光→第二遍满刮腻子→磨光→刷油色→第一遍清漆→拼色→复补腻子→磨光→第二遍清漆→磨光→第三遍清漆→水砂纸磨光→第四遍清漆→磨光→第五遍清漆→磨退→打砂蜡→打油蜡→擦亮。

3.金属基层的施涂工序

内墙涂料装饰中金属基层涂饰主要应用在金属护墙、栏杆、扶手、金属线角、黑白铁制品等部位。

金属基层涂料的施工工序为：除锈、清扫、磨砂纸→刷涂防锈涂料→局部刮腻子→磨光→第一遍刮腻子→磨光→第二遍满刮腻子→磨光→第一遍涂料→复补腻子→磨光→第二遍涂料→磨光→湿布擦净→第三遍涂料→磨光（用水砂纸）→湿布擦净→第四遍涂料。

第三节　贴面类饰面施工

一、内外墙瓷砖工程施工

饰面砖镶贴一般是指在墙面进行釉面砖、外墙面砖、陶瓷锦砖和玻璃马赛克的镶贴工程。

（一）施工准备

1.作业条件

①主体结构已进行中间验收并确认合格，同时饰面施工的上层楼板或屋面应已完工且不漏水，全部饰面材料按计划数量验收入库。

②找平层拉线、灰饼和标筋已做完，大面积底糙完成，基层经自检、互检、交验，墙面平整度和垂直度合格。

③突出墙面的钢筋头、钢筋混凝土垫块、梁头已剔平，脚手洞眼已封堵完毕。

④水暖管道经检查无漏水，试压合格，电管埋设完毕，壁上灯具支架做完。

⑤门窗框及其他木制、钢制、铝合金预埋件按正确位置预埋完毕，标高符合设计要求。配电箱等嵌入件已嵌入指定位置，周边用水泥砂浆嵌固完毕，扶手栏杆已装好。

2.对材料的要求

①已到场的饰面材料应进行数量清点核对。

②按设计要求进行外观检查。检查内容主要包括进料与选定样品的图案、花色、颜色是否相符，有无色差；各种饰面材料的规格是否符合质量标准规定的尺寸和公差要求；各种饰面材料是否有表面缺陷或破损现象。

③检测饰面材料所含污染物是否符合规定。

3.施工工具、机具

除常用工具外，还需要专门的施工工具，如开刀、橡皮锤、冲击钻等。

（二）内墙面砖施工

内墙面砖主要采用釉面砖。釉面砖具有热稳定性好、防火、防潮、耐酸碱腐蚀、坚固耐用、易于清洁等特点，主要用于厨房、浴室、卫生间、医院、试验室等场所的室内墙面和台面的饰面。

釉面砖的种类按性质分有通用砖（正方形、长方形）和异型配件砖。通用砖一般用于大面积墙面的铺贴；异型配件砖多用于墙面阴阳角和各收口部位的细部构造处理。

1.施工流程

基层处理→抹底、中层灰并找平→弹出上口和下口水平线→分隔弹线→选面砖→预排砖→浸砖→做灰饼→垫托木→面砖铺贴→勾缝→养护、清理。

2.施工要点

（1）基层处理

当基层为混凝土时，先剔凿混凝土基体上凸出部分，使基层保持平整、毛糙，然后刷一道界面剂。在不同材料的交接处或表面有孔洞处，用 1∶2 或 1∶3 的水泥砂浆填平。

当基层为砖时，应先剔除墙面的多余灰浆，然后用钢丝刷清理浮土，并浇水润湿墙体，润湿深度为 2～3 mm。

（2）做找平层

用 1∶3 水泥砂浆在已充分润湿的基层上涂抹，总厚度应控制在 15 mm 左右；应分层施工；同时注意控制砂浆的稠度且基层不得干燥。找平层表面要求平整、垂直、方正。

（3）弹水平线

根据设计要求，定好面砖所贴部位的高度，用“水柱法”找出上口的水平点，并弹出各面墙的上口水平线。

依据面砖的实际尺寸，加上砖之间的缝隙，在地面上进行预排、放样，量出整砖部位，从最上层砖的上口至最下层砖的下口尺寸，再在墙面上从上口水平线量出预排砖的尺寸，做标记，并以此标记，弹出各面墙所贴面砖的下口水平线。

（4）弹线分隔

弹线分隔是在找平层上用墨线弹出饰面砖分隔线。弹线前应根据镶贴墙面长、宽尺寸，计算好纵横皮数和镶贴块数，划出皮数杆，定出水平标准。

①弹水平线

对要求面砖贴到顶的墙面，应先弹出顶棚底或龙骨下标高线，按饰面砖上口伸入吊顶线内 25 mm 计算，确定面砖铺贴上口线，然后从上往下按整块饰面砖的尺寸分划到最下面的饰面砖。

②弹竖向线

最好从墙内一侧端部开始，以便不足模数的面砖贴于阴角处。

（5）选面砖

选面砖是保证饰面砖镶贴质量的关键工序。为保证镶贴质量，必须在镶贴前按颜色的深浅、尺寸的大小选择合适的饰面砖。

（6）预排砖

为确保装饰效果和节省面砖用量，在同一墙面只能有一行与一列非整块饰面砖，并且应排在紧靠地面或不显眼的阴角处。内墙面砖镶贴排列方法，主要有直缝镶贴和错缝镶贴（俗称“骑马缝”）两种。

面砖排列时应以设备下口中心线为准对称排列。在预排砖中应遵循平面压立面、大面压小面、正面压侧面的原则。凡阳角和每面墙最顶一皮砖都应是整砖，而将非整砖留在最下一皮与地面连接处。阳角处正立面砖盖住侧面砖。除柱面镶贴外，其他阳角不得对角粘贴。

（7）浸砖

已经分选好的瓷砖，在铺贴前应充分浸水润湿，防止用干砖铺贴上墙后，吸收砂浆（灰浆）中的水分，致使砂浆中水泥不能完全水化，造成黏结不牢或面砖浮滑。一般浸水时间不少于 2 h，取出后阴干到表面无水膜，通常需要 6 h 左右。

（8）做灰饼

铺贴面砖时，应先贴若干块废面砖作为灰饼，上下用托线板挂直，作为粘贴厚度依据。横向每隔 1.5 m 左右做一个灰饼，用拉线或靠尺校正平整度。

在门洞口或阳角处如有镶边时，则应将其尺寸留出先铺贴一侧的墙面瓷砖，并用托线板校正靠直。如无镶边，在做灰饼时，除正面外，阳角的侧面也需有灰饼，即所谓的双面挂直。

（9）垫托木

按地面水平线嵌上一根八字尺或直靠尺，用水平尺校正，作为第一行面砖水平方向的依据。

（10）面砖铺贴

施工层从阳角或门边开始，由下往上逐步镶贴。方法为：左手拿砖，背面水平朝上，右手握灰铲，在釉面砖背面满抹灰浆（水泥砂浆以体积配比为1∶2为宜），厚度5～8 mm，用灰铲将四周刮成斜面，使其形状为“梯形”即打灰完成。

将面砖坐在垫木上，用少许力挤压，用靠尺板横、竖向靠平直，偏差处用灰铲轻轻敲击，使其与底层粘贴密实。在镶贴施工过程中，应随粘贴随敲击，并将挤出的砂浆刮净，同时随用靠尺检查表面平整度和垂直度。如地面有踢脚板，靠尺条上口应为踢脚板上沿位置，以保证面砖与踢脚板接缝美观。

（11）勾缝

在镶贴施工结束后，应进行全面检查，合格后用棉纱将砖表面上的灰浆拭净，同时用与饰面砖颜色相同的水泥嵌缝。

（12）养护、清理

镶贴后的面砖应防冻、防烈日暴晒，以免砂浆酥松。完工24 h后，墙面应洒水湿润，以防早期脱水。施工现场、地面的残留水泥浆应及时铲除干净，多余面砖应集中堆放。

（三）外墙面砖施工

用于建筑外墙装饰的陶质或炻质陶瓷面砖称为外墙面砖。由于受风吹日晒、冷热交替等自然环境的作用，外墙面砖应结构致密，抗风化能力和抗冻性强，同时具有防火、防水、抗冻、耐腐蚀等性能。

外墙面砖根据外观和使用功能，可以分为彩釉砖、劈离砖、彩胎砖、陶瓷艺术砖、金属陶瓷面砖等。在实际选用时，应该根据具体设计的要求与使用情况而定。

1.工艺流程

基层处理→抹底、中层灰并找平→选砖→预排砖→弹线分隔→镶贴→勾缝。

2.施工要点

（1）抹底、中层灰并找平

外墙面砖的找平层处理与内墙面砖的找平层处理相同。只是应注意各楼层的阳台和窗口的水平方向、竖直方向和进出方向保持“三向”成线。

（2）选砖

首先按颜色一致选一遍，然后再用自制模具对面砖的尺寸大小、厚薄进行分选归类。经过分选的面砖要分别存放，以便在镶贴施工中分类使用，确保面砖的施工质量。

（3）预排砖

按照立面分隔的设计要求预排面砖，以确定面砖的皮数、块数和具体位置。外墙面砖镶贴排砖的方法较多，常用的有矩形长边水平排列和竖直排列两种。按砖缝的宽度，又可分为密缝排列和疏缝排列。在预排外墙面砖时应注意：阳角部位应当是整砖，且阳角处正立面整砖应盖住侧立面整砖。对大面积墙面砖的镶贴，除不规则部分外，其他部分不允许使用裁过的砖。除柱面镶贴外，其余阳角不得对角粘贴。

对凸出墙面的窗台、腰线、滴水槽等部位的排砖，应注意面砖必须做出一定的坡度，以盖住立面砖。底面砖应贴成滴水鹰嘴形。

（4）弹线分隔

应根据预排结果画出大样图，按照缝的宽窄大小（主要指水平缝）做好分隔条，并以此作为镶贴面砖的辅助基准线。

在外墙阳角处用线锤吊垂线并用经纬仪进行校核，然后用螺栓将线锤吊正的钢丝上下端固定绷紧，作为垂线的基准线。以阳角基线为准，每隔 1.5～2 m 做灰饼，定出阳角方正，抹灰找平。在找平层上，按照预排大样图先弹出顶面水平线。在墙面的每一部分，根据外墙水平方向的面砖数，每隔约 1 m 弹一垂线。在层高范围内，按照预排面砖的实际尺寸和对称效果，弹出水平分缝、分层皮数。

（5）镶贴施工

镶贴面砖前应将墙面清扫干净，清除妨碍贴面砖的障碍物，检查平整度和垂直度。铺贴的砂浆一般为水泥砂浆或水泥混合砂浆，其稠度要一致，厚度一般为 6～10 mm。镶贴顺序应自上而下分层分段进行，每层内镶贴程序应是自下而上进行，而且要先贴墙柱、后贴墙面、再贴窗间墙。竖缝的宽度与垂直度，应当完全与排砖时一致；门窗套、窗台及腰线镶贴面砖时，要先将基体分层抹平，并随手划毛，待七八成干时，再洒水抹2～3 mm厚的水泥浆，随即镶贴面砖。

（6）勾缝

在完成一个层段的墙面铺贴并经检查合格后，即可进行勾缝。勾缝所用的水泥浆可分两次进行嵌实，第一次用一般水泥砂浆，第二次按设计要求用彩色水泥浆或普通水泥浆勾缝。

二、内外墙石材工程施工

石材贴面铺贴方法有干挂法、湿挂法、直接粘贴法等。其中，干挂法是指在建筑物主体结构的外表面上，通过安装不锈钢柔性连接件将石板干挂安装的方法，这样石板和主体结构之间会留有一定的空隙，不必灌注水泥砂浆，从而避免了黏结砂浆的析碱现象，提高了装饰效果。湿挂法一般是指石材基层用水泥砂浆作为粘贴材料，先挂板后灌砂浆的施工方法。

（一）施工准备

1.材料准备

（1）石材

根据设计要求，一般选用天然大理石、天然花岗石、人造石材等。

（2）修补胶黏剂及腻子

一般应准备环氧树脂胶黏剂、环氧树脂腻子、颜料等。

（3）防泛碱材料及防风化涂料

防泛碱材料及防风化涂料包括玻璃纤维网格布、石材防碱背涂处理剂、罩面剂等。

（4）连接件

连接件有金属膨胀螺栓、钢筋骨架、金属夹、铜丝或钢丝等。

（5）黏结材料及嵌缝膏

黏结材料及嵌缝膏一般包括水泥、砂、嵌缝膏、密封胶、弹性胶条等。

（6）辅助材料

辅助材料有石膏、塑料条、防污胶带、木楔、防锈漆等。

2.主要机具

主要机具包括砂浆搅拌机、电动手提切割锯、台式切割机、钻、砂轮磨光机、冲击电钻、嵌缝枪、专用手推车、尺、锤、凿、剁斧、抹子、粉线包、墨斗、线坠、挂线板、施工线、刷子、铲、开刀、灰槽、桶、钳、红铅笔等。

3.作业条件

①主体结构已验收完毕。

②影响饰面板施工的水、电、通风设备等已完成安装。

③内外门、窗框均已安装完毕，安装质量符合要求，塞缝符合规范及设计要求，门窗框已贴好保护膜。

④室内墙面已弹好水平基准线；室外水平基准线应使整个外墙面能够交圈。

⑤基体的预埋件（含后置埋件）的规格、位置、数量符合设计要求。

⑥脚手架满足施工及安全要求。

⑦有防水层的房间、平台、阳台等，已做好防水层和保护层，并经验收合格。

（二）施工工艺

1.湿挂法施工工艺

（1）施工流程

板材钻孔、剔槽→骨架安装→穿铜丝或钢丝与块材固定→绑扎→吊垂直、找规矩、弹线→防碱背涂处理→安装石材→分层灌浆→擦缝。

（2）施工要点

①板材钻孔、剔槽：安装前先将饰面板按照设计要求用台钻打眼，事先应钉木架使钻头直对板材上端面，在每块饰面板的上、下两个面打眼，孔位打在距板宽的两端 1/4 处，每面各打两个眼。一般情况下，孔径为 5 mm（瓷板孔径宜为 3.2～3.5 mm），深度为 12 mm（瓷板深度宜为 20～30 mm），孔位距石板背面以 8 mm 为宜。每块石材与钢筋网连接点不得少于 4 个，如石材宽度较大时，可以增加打孔的数量。钻孔后用电动手

提切割锯轻轻剔一道槽，深 5 mm 左右，连同孔眼形成象鼻眼，以埋卧铜丝或钢丝。

若饰面板规格较大，下端不好拴绑铜丝或钢丝时，也可在未镶贴饰面的一侧，采用电动手提切割锯按规定在板高的 1/4 处上、下各开一槽（槽长 30～40 mm，槽深约 12 mm，与饰面板背面打通，竖槽一般居中，也可偏外，但以不损坏外饰面和不泛碱为宜），可将铜丝或钢丝卧入槽内，与钢筋网拴绑固定。此法也可直接在镶贴现场使用。

②骨架安装：将符合设计要求的钢筋或型钢与基体预埋件可靠连接，再将钢筋或型钢根据设计的间距焊接成钢筋网骨架。焊接时焊点（缝）应结实牢固，不得假焊、虚焊，焊渣应随时清理干净。

③穿铜丝或钢丝与块材固定：把备好的铜丝或钢丝剪成长 200 mm 左右，一端用木楔沾环氧树脂将铜丝或钢丝伸进孔内固定牢固，另一端将铜丝或钢丝顺孔槽弯曲并卧入槽内，使石材上下端面没有铜丝或钢丝突出，以便和相邻石材接缝严密。

④绑扎：横向钢筋为绑扎石材所用，如板材高度为 600 mm 时，第一道横筋在地面以上 100 mm 处与主筋绑牢，用于绑扎第一层板材的下口。第二道横筋绑扎在比板材上口低 20～30 mm 处，用于绑扎第一层板材上口。

⑤吊垂直、找规矩、弹线：首先将要贴石材的墙面、柱面和门窗套用大线坠从上至下找出垂直。应考虑石材厚度、灌注砂浆的空隙和钢筋网所占尺寸，一般石材外皮距结构面的厚度应以 50～70 mm 为宜。找出垂直后，在地面上顺墙弹出石材等外廓尺寸线，此线即为第一层石材的安装基准线。编好号的石材等在弹好的基准线上画出就位线，每块留 1 mm 缝隙（如设计要求拉开缝，则按设计规定留出缝隙），并根据设计图纸和实际需要弹出安装石材的位置线和分块线。

⑥防碱背涂处理：粘贴的石材根据设计要求进行防碱背涂处理。

⑦安装石材：按部位取石材并舒直铜丝或钢丝，将石材就位，石材上口外仰，右手伸入石材背面，把石材下口铜丝或钢丝绑扎在横筋上。绑得不要太紧，只要把铜丝或钢丝和横筋拴牢即可。把石材竖起，便可绑石材上口铜丝或钢丝，并用木楔子垫稳，块材与基层间的缝隙一般为 30～50 mm，用靠尺板检查调整木楔。再拴紧铜丝或钢丝，依次向另一方进行。柱面可按顺时针方向安装，一般先从正面开始。第一层安装完毕再用靠尺找垂直，水平尺找平整，方尺找阴阳角方正，在安装石材时如发现石材规格不准确

或石材之间的空隙不符，应用铅皮垫牢，使石材之间缝隙均匀一致，并保持第一层石材上口的平直。然后调制熟石膏，把调成粥状的石膏贴在石材上下之间，使这两层石材结合成一个整体，木楔处也可粘贴石膏，再用靠尺检查有无变形，等石膏硬化后方可灌浆（如设计有嵌缝塑料软管的，应在灌浆前将其塞放好）。

⑧分层灌浆：石材固定就位后，应用质量比为 1∶2.5 的水泥砂浆分层灌注，每层灌注高度为 150～200 mm，且不得大于饰面板高的 1/3，并插捣密实，待其初凝后方可灌注上层水泥砂浆。施工缝应留在饰面板的水平接缝以下 50～100 mm 处。如在灌浆中饰面板发生移位，应及时拆除重装，以确保安装质量。砂浆中掺入的外加剂对铜丝或钢丝应无腐蚀作用，其掺量应通过试验确定。

⑨擦缝：全部石材安装完毕后，清除石膏和余浆痕迹，用抹布擦洗干净，并按石材颜色调制色浆嵌缝，边嵌边擦干净，使缝隙密实、均匀、干净、颜色一致。

安装柱面石材，其弹线、钻孔、绑钢筋和安装等工序与镶贴墙面方法相同，要注意灌浆前用木方子钉成槽形木卡子，双面卡住石材，以防止灌浆时石材外胀。

2.干挂法施工工艺

（1）施工流程

基层处理→墙体测放水平、垂直线→钢架制作安装→挂件安装→选板、预拼、编号、开槽钻孔→石材安装→密封胶灌缝。

（2）施工要点

①基层处理：墙体为混凝土结构时，应对墙体表面进行清理修补，使墙面修补处平整结实。

②墙体测放水平、垂直线：依照室内水平基准线，找出地面标高，按板材面积计算纵横的皮数，用水平尺找平，并弹出板材的水平和垂直控制线。

③钢架制作安装：用直径 0.5～1.0 mm 的钢丝在基体的垂直和水平方向各拉两根作为安装控制线，将符合设计要求的立柱焊接在预埋件上。全部立柱安装完毕后，复验其间距、垂直度。两根立柱相接时，其接头处的连接要符合设计要求，不能焊接。安装横梁，根据安装控制线在水平方向拉通线，横梁的一端通过连接件与立柱用螺栓固定连接，另一端与立柱焊接，焊接时焊缝应饱满，无假焊、虚焊。钢架制作完毕后应做防锈处理。

基体为混凝土且无预埋件时，根据设计要求可在混凝土基体上钻孔，放入金属膨胀螺栓与干挂件直接连接。

④挂件安装：不锈钢扣槽式挂件由角码板、扣齿板等构件组成；不锈钢插销式挂件由角码板、销板、销钉等构件组成；铝合金扣槽式挂件由上齿板、下齿条、弹性胶条等构件组成。挂件连接应牢固可靠，不得松动；挂件位置调节适当，并能保证石材连接固定位置准确；不锈钢挂件的螺栓紧固力矩应取40～45 N·m，并应保证紧固可靠；铝合金挂件挂接钢架L型钢的深度不得小于3 mm，M4螺栓（或M4抽芯斜钉）要紧固可靠且间距不宜大于300 mm；铝合金挂件与钢材接触面，宜加设橡胶或塑胶隔离层。

⑤选板、预拼、编号、开槽钻孔：石材镶贴前，应挑选颜色、花纹，进行预拼、编号。板的编号应符合安装时流水作业的要求。开槽或钻孔前应逐块检查板厚度、裂纹等质量指标，不合格者不得使用。开槽长度或钻孔数量应符合设计要求，开槽钻孔位置在规格板厚中心线上；钻孔的边孔至板角的距离宜取0.15～0.2 b（b为板支承边边长），其余孔应在两边孔范围内等分设置。当开槽或钻孔造成石材开裂时，该石材不得使用。

⑥石材安装：当设计对建筑物外墙有防水要求时，安装前应修补施工过程中损坏的外墙防水层。除设计特殊要求外，同幅墙的石材色彩宜一致。清理石材的槽（孔）内及挂件表面的灰粉。扣齿板的长度应符合设计要求。扣齿或销钉插入石材深度应符合设计要求，扣齿插入深度允许偏差为±1 mm，销钉插入深度允许偏差为±2 mm。当为不锈钢挂件时，应将环氧树脂浆液抹入槽（孔）内，满涂挂件与石材的接合部位，然后插入扣齿或销钉。

⑦密封胶灌缝：检查复核石材安装质量，清理拼缝。当石材拼缝较宽时，可先填充材料，后用密封胶灌缝。挂件为铝合金时，应采用弹性胶条将挂件上下扣齿间隙塞填压紧，塞填前的胶条宽度不宜小于上下扣齿间隙的1.2倍。密封胶颜色应与石材色彩相配。当设计未对灌缝高度作规定时，其宜与石材的板面齐平。灌缝应饱满平直，宽窄一致。灌缝时注意不能污损石材面，一旦污损石材面应及时清理。如果石材缝潮湿，应干燥后再进行密封胶灌缝施工。石材饰面与门窗框接合处等的边缘处理，应符合设计要求。

三、玻璃镜面工程施工

用玻璃和镜面进行装饰，可以使装饰面显得规整、明亮，同时玻璃镜可以起到扩大空间、反射景物、创造环境气氛等作用。

玻璃镜面的安装方法大致可以分为五种：螺丝固定、嵌钉固定、黏结固定、托压固定、黏结支托固定。每种安装方法都有各自的特点和使用范围。根据镜面的大小、排列方法、使用场所等因素，可使用其中一种安装方法或几种安装方法组合使用。

（一）施工准备

1.材料

（1）镜面材料

镜面材料包括普通平镜、带凹凸线脚或花饰的单块特制镜等，有时为了美观及减少玻璃镜的安装损耗，加工时可将玻璃的边缘磨圆。

（2）衬底材料

衬底材料包括木墙筋、胶合板、沥青、油毡等，也可选用一些特制的橡胶、塑料、纤维类的衬底垫块。

（3）固定用材料

固定用材料一般包括螺钉、铁钉、玻璃胶、环氧树脂胶、盖条（木材、铜条、铝合金型材等）、橡皮垫圈等。

2.工具

常用的工具有玻璃刀、玻璃吸盘、水平尺、托板尺、玻璃胶筒及固钉工具，如锤子、螺丝刀等。

（二）施工工艺

安装玻璃镜的基本施工程序是：基层处理→立筋→铺钉衬板→镜面切割→镜面钻孔→镜面固定。

1.基层处理

在砌筑墙体或柱子时，预埋木砖，其横向长度与镜宽相等，竖向高度与镜高相等，大面积的镜面还需在横竖向每隔 500 mm 埋木砖。墙面要进行抹灰，根据安装使用部位的不同，要在抹灰面上烫热沥青或贴油毡，也可将油毡夹于木材板和玻璃之间，主要是为了防止潮气使木材板变形及潮气使镜面镀层脱落，失去光泽。或使用新型防水、防雾镜片。

2.立筋

墙筋为 40 mm 或 50 mm 见方的小木方。安装小块镜面多为双向立筋，安装大块镜面可以单向立筋，横竖墙筋的位置须与木砖一致。要求立筋横平竖直，以便于木衬板和镜面的固定。因此，立筋时也要挂水平、垂直线。安装前要检查防潮层是否做好，立筋钉好后，要用长靠尺检查平整度。

3.铺钉衬板

木衬板为 15 mm 厚木板或 5 mm 胶合板，用小铁钉与墙筋钉接，钉头没入板内。衬板的尺寸可以大于立筋间距尺寸，这样可以减少裁剪工序，提高施工速度。要求木衬板无翘曲、起皮，且表面平整、清洁，板与板之间的缝隙应在立筋处。

4.镜面切割

一定尺寸的镜面一般需从大片镜面上切割下来。在台案或平整地面上铺胶合板或地毯后，方可进行切割。按照设计尺寸，用靠尺板做依托，用玻璃刀在大片镜面上一次性从头划到尾，将镜面切割线处移到台案边缘，一只手按住靠尺板，另一只手握住镜面边，迅速向下扳。切割和搬运镜面时，操作者要戴手套。

5.镜面钻孔

若选择螺钉固定，则需钻孔。孔的位置一般在镜面的边角处。首先将镜面放在操作台案上，按钻孔位置量好尺寸，标注清楚，然后在拟钻孔位置浇水，钻头钻孔直径应大于螺丝直径。钻孔时，应不断往镜面上浇水，直至钻透，注意要在钻孔时减轻用力。

6.镜面固定

常用 5 种固定方法，以下分别介绍。

（1）开口螺丝固定

开口螺丝固定方式，适用于安装 1 m^2 以下的小镜。墙面为混凝土基底时，预先插入木砖、埋入锚塞，或在木砖、锚塞上再设置木墙筋，再用平头或圆头螺丝，透过钻孔钉在墙筋上，对玻璃起固定作用。

（2）嵌钉固定

嵌钉固定是把嵌钉钉在墙筋上，将镜面玻璃的四个角压紧的固定方法。

（3）粘贴固定

粘贴固定是将镜面玻璃用环氧树脂或玻璃胶粘贴在木材板（镜垫）上的固定方法。该方法适用于安装 1 m^2 以下的镜面。在柱子上镶贴镜面时，多采用这种方法。

（4）托压固定

这种方法主要靠压条和边框托将镜面托压在墙上，压条和边框常常采用木材、塑料和金属型材（如专门用于镜面安装的铝合金型材）制作。也可用支托五金件的方法，该方法适用于安装 2 m^2 左右的镜面，这种方法无须开孔，完全凭借五金件支托镜面，是一种较安全的安装方法。

（5）粘贴支托固定

对于较大面积的单块镜面，以托压固定法为主，也可结合粘贴固定法固定。镜面本身重量主要靠下部边框或砌体承载，其他边框主要起到防止镜面倾斜和装饰的作用。

（三）细部处理

1.粘贴组合玻璃镜面

在墙面粘贴小块玻镜时，应按照弹线位置，从上而下逐块粘贴。在块与块之间的接缝处涂上少许玻璃胶。

2.墙柱面角位收边方式

①线条压边法，在玻璃镜的黏结面上，留出一定的位置，以便安装线条压边收口固定。

②玻璃胶收边法，可将玻璃胶注在线条的角位处，或注在两块镜面的对角口处。

3.玻璃镜与建筑基面的结合

如玻璃镜直接安装在建筑物基面上，应检查基面平整度，如不够平整，要重新批刮或加装木夹板基面。玻璃镜与基面安装时，通常用线条嵌压或用玻璃钉固定（通常安装前，应在玻璃镜背面粘贴一层牛皮纸做保护层），线条和玻璃钉都钉在埋入墙面的木楔上。

（四）注意事项

①按照设计图纸施工，选用的材料规格、品种、色泽应符合设计要求。

②浴室或易积水处，应选用防水性能好、耐酸碱腐蚀的玻璃镜。

③在同一墙面上安装同色玻璃时，最好选用同一批次的产品，以免因色差影响装饰效果。

④为确保耐久性，面积较大的玻璃镜应固定在有承载能力、干燥、平整的墙面上。

⑤玻璃镜类材料应存放在干燥通风的室内，每箱都应立放，防止压碎、折裂。

⑥安装后的镜面应平整、洁净，接缝顺直、严密，不得有翘曲、松动、裂隙、掉角等质量问题。

第四节　裱糊与软包工程施工

一、裱糊工程

（一）常用的材料与工具

1.裱糊工程常用的材料

裱糊工程常用的材料包括饰面的各种壁纸、墙布以及起黏结作用的各类胶黏剂等。

（1）常用壁纸和墙布种类

壁纸和墙布的种类很多，分类方式也多种多样。按外观装饰效果分，有印花壁纸、压花壁纸、浮雕壁纸等；按施工方法分，有现场刷胶裱糊的，也有背面预涂压敏胶直接铺贴的。人们在习惯上将壁纸分为三类，即普通壁纸、发泡壁纸和特种壁纸。

（2）常用胶黏剂

裱糊饰面工程施工常用的胶黏剂主要有聚乙烯醇缩甲醛胶、聚乙酸乙烯酯乳液等。

2.裱糊类饰面常用施工工具

常用施工工具有剪刀、裁刀、刮板、油灰铲刀、钢卷尺、针筒、钢直尺、砂纸机、粉线包以及裁纸工作台等。

（二）裱糊工程施工工艺

裱糊工程施工流程为：基层处理→防潮处理→弹线分块→壁纸预处理→涂刷胶黏剂→裱糊壁纸→细部处理。下面重点介绍其中的几个施工环节。

1.基层处理

裱糊工程的基层，要求坚实牢固，表面平整光洁，不疏松起皮，不掉粉，无砂粒、孔洞、麻点和飞刺，否则壁纸就难以贴平整。此外，墙面应基本干燥，不潮湿发霉，含水率低于 5%。经防潮处理后的墙面，可减少壁纸发霉现象和受潮起泡脱落现象。可以说基层处理的质量，直接关系到裱糊工程的质量。

在基层处理时还应注意以下几个方面。

①安装于基层上的各种控制开关、插座、电气盒等凸出的设置，应先卸下扣盖等影响裱糊施工的部分。

②各种造型基面板上的钉眼，应用油性腻子填补，防止隐蔽的钉头生锈时锈斑渗出而影响壁纸的外观。

③为防止壁纸受潮脱落，基层处理经检验合格后，即采用喷涂或刷涂的方法施涂封底涂料，做基层封闭处理一般不少于两遍。封底涂刷不宜过厚，且要均匀一致。

④封底涂料可采用涂饰工程使用的成品乳胶底漆，在相对湿度较大的南方地区或室内易受潮部位，可采用酚醛清漆与汽油（或松节油）按 1∶3 的质量比混合后进行涂刷；在干燥地区或室内通风干燥部位，采用适度稀释的聚乙酸乙烯酯乳液涂刷于基层即可。

2.弹线分块

为了使裱糊饰面横平竖直、图案端正，每个墙面第一幅壁纸或墙布都要挂垂线找直，自第二幅起，先上端后下端对缝依次裱糊，以保证裱糊饰面分幅一致并防止累积歪斜。

对于图案型式鲜明的壁纸、墙布，为保证做到整体墙面图案对称，应在窗口横向中心部位弹好中心线，由中心向两边分线；如果窗口不在中间位置，为保证窗间墙的阳角处图案对称，可在窗间墙弹中心线，然后由此中心线向两侧分幅弹线。对于无窗口的墙面，可以选择一个距离窗口墙面较近的阴角，在距壁纸或墙布幅宽 50 mm 处弹垂线。

3.壁纸预处理

（1）裁割下料

墙面或顶棚的大面裱糊工程，原则上应采用整幅裱糊。根据弹线找规矩的实际尺寸，在裁割时，要根据材料的规格及裱糊面的尺寸统筹规划，并按裱糊顺序进行分幅编号。壁纸、墙布的上下端宜各自留出 20～30 mm 的修剪余量；对于花纹图案较为具体的壁纸、墙布，要事先明确裱糊后的花饰效果及其图案特征，应根据花纹图案和产品的边部情况，确定采用对口或是搭口裁割拼缝，以保证对接无误。

（2）浸水润纸

对于裱糊壁纸的事先湿润，传统称为闷水，这是针对纸胎的塑料壁纸的施工工序。对于玻璃纤维基材及无纺贴墙布类材料，遇水后无伸缩变形，不需要进行湿润，而复合纸质壁纸则严禁进行闷水处理。

4.涂刷胶黏剂

壁纸、墙布裱糊胶黏剂的涂刷应薄而均匀，不得漏刷；墙面阴角部位应增刷胶黏剂 1～2 遍。对于自带背胶的壁纸，则无须再使用胶黏剂。

根据壁纸、墙布的品种特点，胶黏剂的施涂分为在壁纸、墙布的背面涂胶，在被裱糊基层上涂胶，在壁纸、墙布的背面和被裱糊基层上同时涂胶。

基层表面的涂胶宽度要比壁纸、墙布宽出 20～30 mm；胶黏剂不要施涂过厚，以防粘贴时胶液溢出太多而污染裱糊饰面，但也不可涂刷过少，涂胶不能均匀到位会造成裱糊面起泡、起壳、黏结不牢。

5.裱糊壁纸

裱糊的基本顺序：先垂直面，后水平面；先细部，后大面；先保证垂直，后对花拼缝；垂直面先上后下，先长墙面，后短墙面；水平面是先高后低。

对于无图案的壁纸、墙布，接缝处可采用搭接法裱糊。相邻的两幅在拼连处，后贴的一幅搭压前一幅，重叠 30 mm 左右，然后用钢尺或合金铝直尺与裁纸刀在搭接重叠范围的中间将两层壁纸墙布割透，随即把切掉的多余小条扯下。

裱糊拼缝对齐后，要用薄钢片刮板或胶皮刮板自上而下地进行抹刮，较厚的壁纸必须用胶根滚压。

对于有图案的壁纸墙、布，为确保图案的完整性及其整体的连续性，裱糊时可采用拼接法。先对花，后拼缝，从上至下图案吻合后，用刮板斜向刮平，将拼缝处擀压密实拼缝。

6.细部处理

（1）阴阳角处理

为了防止在使用时由于被碰或被划而造成壁纸、墙布开胶，裱糊时不可在阳角处甩缝，应包过阳角不小于 20 mm。阴角处搭接时，应先裱糊压在里面的壁纸或墙布，再裱贴搭在上面者，一般搭接宽度为 20～30 mm；搭接宽度尺寸不宜过大，否则褶痕过宽会影响饰面美观。主要装饰面造型部位的阳角进行搭接时，应考虑采取其他包角、封口形式的配合装饰措施。

（2）墙面凸出部分处理

遇有基层卸不下的设备或附件时，裱糊时可在壁纸、墙布上剪口。方法是将壁纸或墙布轻糊于裱贴面凸出物件上，找到中心点，从中心点往外呈放射状剪裁，再使壁纸、墙布舒平，用笔描出物件的外轮廓线，轻手拉起多余的壁纸、墙布，剪去不需要的部分，如此沿轮廓线套割贴严，不留缝。

二、软包工程施工

（一）施工准备

1.木骨架、木基层材料

木骨架一般采用（30～50）mm×50 mm 断面尺寸的木方条。木砖或木楔的位置，即龙骨排布的间距尺寸，可在 400～600 mm 单向或双向布置范围内调整，按设计图纸的要求进行分格安装，龙骨应牢固地钉装于木砖或木楔上。墙筋木龙骨固定合格后，即可铺钉基面板（基面板一般采用五层胶合板）。当采用整体固定时，将基面板满铺并钉于龙骨上，要求钉装牢固、平整。

2.软包芯材材料

软包墙面芯材材料通常采用轻质不燃多孔材料，如玻璃棉、超细玻璃棉、自熄型泡沫塑料、矿渣棉等。

3.面层材料

软包墙面的面层必须采用阻燃型高档豪华软包面料，如各种人造革和各种豪华装饰布。凡未经阻燃处理的软包面料，均不得使用。

（二）软包工程施工工艺

软包装饰工程的饰面有两种常用装饰方法：一是固定式软包，二是活动式软包。固定式软包适宜于较大面积的饰面工程，活动式软包适用于小空间的墙面装饰。

软包装饰工程的施工流程为：基层处理→弹线、设置预埋块→固定木龙骨→基层板铺钉→墙面软包。下面重点介绍其中的几个施工环节。

1.固定式软包

固定式软包一般采用木龙骨骨架，铺钉胶合板基层板，按设计要求选定包面材料，将包面材料钉装于基层衬板上并填充矿棉、岩棉或玻璃棉等软质材料。

（1）弹线、预制木龙骨架

用吊垂线、拉水平线及尺量的方法，借助 50 cm 水平线，确定软包墙的厚度、高度及打眼位置等，采用凹槽榫工艺，制成木龙骨框架。做成的木龙骨架应涂刷防火漆。

（2）钻孔、打入木楔

孔眼位置应在墙上弹线的交叉点，孔距 600 mm 左右，孔深 60 mm，用冲击钻钻孔。木楔经防腐处理后，打入孔中，需塞实、塞牢。

（3）做防潮层

在抹灰墙面涂刷冷底子油或在砌体墙面、混凝土墙面铺沥青油毡或油纸做防潮层。冷底子油要满涂、刷匀、不漏涂，铺油纸要满铺、铺平、不留缝。

（4）固定木龙骨

将预制好的木龙骨架靠墙直立，用水准尺找平、找垂直，用钢钉将其钉在木楔上，边钉边找平、找垂直。凹陷较大处应用木楔垫平并钉牢。

（5）安装基层板

木龙骨固定合格后，即可铺钉基层板。基层板一般采用5层胶合板，用气钉枪将基层板钉在木龙骨上。从板中间向两边固定，接缝应在木龙骨上且钉头没入板内，使其牢固、平整。基层板在铺钉前，应先在其板背涂刷防火涂料，应涂满、涂匀。

（6）面板安装

软包饰面板（皮革或人造革）的固定式做法，可选择成卷铺装或分块固定等不同方式；此外，还有压条法、平铺泡钉压角法等其他做法，由设计确定。

2.活动式软包

木基层的做法与固定式软包相同，下面主要介绍软包块的制作和拼装。

按软包分块尺寸裁九厘板400～600 mm，并用刨将4条边刨出斜面。以规格尺寸大于九厘板50～80 mm的织物面料和泡沫塑料块置于九厘板上，将织物面料和泡沫塑料沿九厘板斜边卷到板背，在展平顺后用钉固定。固定好一边，再展平铺顺拉紧织物面料，将其余三条边都卷到板背固定。固定时宜用码钉枪打码钉，码钉间距不大于30 mm。在木基层上按设计图画线，标明软包预制块及装饰木线（板）的位置。将软包预制块用塑料薄膜包好，镶钉在墙、柱面做软包的位置。在墙面软包部分的四周用木压线条、盖缝条及饰面板等做装饰处理。

第六章　建筑室外装饰设计

第一节　建筑室外装饰设计概述

随着生活质量和品位的不断提高，人们对室内外的生活环境乃至城市环境有了较高的要求，因此建筑室外装饰设计也变得非常重要。建筑室外装饰设计就是运用现有的物质技术手段，遵循建筑美学法则，创造优美的建筑外部形象，营造出满足人们生产、生活活动的物质需求和精神需求的建筑外部空间环境。

一、建筑室外装饰设计的内容

建筑外部装饰设计包括建筑外观装饰设计和建筑室外环境设计两部分。

建筑外观装饰设计是为建筑创造良好的外部形象而进行的设计，包括建筑外观造型设计、色彩设计、材质设计、建筑局部及细部设计等。

建筑室外环境设计则是对建筑附属的室外环境进行创造设计。其设计的主要内容有建筑外部空间的组织设计，建筑外部地面的铺地设计，建筑外部灯光、灯具的设计，建筑外部广告、标志的设计，建筑外部绿化的设计，建筑外部雕塑、外景、小品的设计，建筑外部公共设施的设计，等等。

二、建筑室外装饰设计的原则

（一）与建筑环境的协调统一

建筑室外装饰设计属于环境设计的一部分。从环境的角度来看，建筑与其相关的室外空间所构成的环境只是一个小环境，而这个小环境处于某个特定的环境内，可以将这个特定的环境称为“大环境”。因此，在设计前，必须对这个“大环境”的特征、气氛及相关要求进行相应的了解，以免在设计中出现“大”“小”环境间的冲突和不协调。建筑装饰设计、造型设计要满足规划要求，并充分考虑地区特色、历史文脉等方面的要求，以取得与原有建筑、室外环境的协调一致。

（二）要有整体意识

任何建筑都不是孤立存在的，必须与其他建筑、各种室外设施形成建筑外部的小环境，多个建筑小环境可形成街道，若干条街道的组合可形成社区，社区相连可形成城市。由此可见，建筑及其外部小环境是街道环境、社区环境、城市环境乃至自然环境的有机组成部分。

因此，建筑室外装饰设计要对建筑环境的意境有统一的设想，即要对建筑环境的性格、气氛、情调进行概念上的思考，然后以建筑语言的形式表达出来。

（三）能够体现建筑的风格

建筑是为满足人们的生产需要而创造的物质空间环境，不同的建筑有着不同的外观特征。因此，针对建筑外部，应根据不同的建筑做不同的装饰处理。若将商业建筑外部的富丽、醒目装饰用于居住建筑上，则大大破坏了住宅的安宁气氛。可见，并非投资大、用材高档便一定能获得好的装饰效果，而是应把握该建筑的性格特征，做到恰如其分。

（四）能反映建筑物质技术

建筑体型和设计通常会受到物质技术条件的制约，建筑装饰设计要充分利用建筑结构、材料的特性，使之成为装饰设计的重要内容。现代新结构、新材料和新技术的发展，为建筑外形及装饰设计提供了更大的灵活性和多样性，人们可以创造出更为丰富的建筑外观形象。

（五）时代感与历史文脉并重

建筑装饰与人们的物质、文化生活联系尤为密切，任何建筑装饰设计总会烙有时代的印记。因此，在进行建筑室外装饰设计时，应充分运用新知识、新理念、新材料和新技术来创造新颖独特的建筑形象及外部环境，以满足人们日益增长的生活需求和审美需求，更好地体现时代的特征。

第二节　建筑造型与装饰设计

一、室外装饰设计与环境

（一）新旧建筑装饰的协调

要想处理好新建筑与周围旧建筑的关系，可采用以下几种方法。

1.对比法

所谓对比法，即无论周围建筑的建造年代和形式怎样，新建筑都按现时的建筑形式和建筑装饰设计，无须考虑周围环境。这种观点认为建筑本身反映了相应的社会历史，因此新建筑的装饰与造型必须反映新的时代精神和时代风貌。

2.协调法

协调法是指要在两幢不同时期的建筑物之间创造出一种连贯的、和谐的视觉关系。这种关系就像色彩中的互补关系，即各自都有对方的色彩要素，新的建筑中带有历史的文脉，而文脉的延续并非只有复古和相似的关系。将不同时期的建筑在同一环境中相互协调，通常的做法是以保持视觉上的和谐为原则，加强建筑的细部联系，这些细部包括入口、门窗、天花、栏杆、墙面材料、高度等，这些都能协调新旧建筑之间的关系。

3.过渡法

过渡处理对协调环境、美化环境同样起着重要的作用。过渡的目的就是避免新旧建筑之间过于强烈的对比和格格不入，过渡的形式也被称为连接形式。连接形式有两种，一种是后退的方法，另一种是采用轻巧的钢和玻璃的连接体，这种透明、光洁的连接体与许多不同的建筑文脉相协调，这是由于它的光洁和轻巧感与石质粗糙的沉重感巧妙地形成了对比。

（二）建筑装饰与绿化环境

1.建筑与环境的统一

建筑与环境的统一，不仅体现在建筑物的体形组合和立面处理上，还体现在建筑与环境的有机结合上。建筑对于自然环境的结合利用，不仅限于邻近建筑物四周的地形、地貌，还可以扩大到较远的范围。有少数建筑对于自然环境的利用，不仅限于人们的视觉，还可扩大到人们的听觉、嗅觉。例如在某些特定建筑环境中，人们不仅能见到青山绿水，还能听到风声、泉水声，感受到鸟语花香。

2.绿化对建筑景观的影响

在建筑环境中，绿化对建筑景观的影响很大，它既能美化环境，对建筑物本身起到衬托或遮瑕的作用，又能给建筑带来无限的生机和活力。

3.绿化配置对建筑环境的影响

不同的绿化配置会对建筑环境产生不同的艺术效果。一般配置的方法有高大建筑与低矮树木的对比配置、低矮建筑与高大树木的对比配置、高大建筑与高大树木的协调配置、低矮建筑与低矮植物的协调配置等四种形式。

（三）建筑环境影响建筑外墙装饰色彩的选择

建筑环境对建筑色彩的选择影响较大，要使建筑在特定的环境中具有良好的色彩效果，就必须了解和分析建筑基地的各种环境因素，如背景环境是依山傍水、辽阔农田还是住宅、城市街区等。在进行建筑色彩选择时，要把建筑作为环境中的一个要素来考虑，才能取得较好的效果。

二、建筑立面装饰设计

（一）建筑外立面形式

1.分段式

分段式是指建筑外立面在垂直方向的划分形式。一般在建筑中多采用三段式，即屋基、屋身及屋顶。一般作为商业建筑的屋基较空透，其主要用作商店的广告宣传。屋身在整个造型中所占比例较大，往往采用水平、垂直及网格划分。檐口部分作为整体的结束部分通常采用与屋身作对比的处理手法。

将商业建筑三段式处理能较自然地反映建筑内部的空间使用性质，所以长期以来该划分形式一直被广泛采用。随着新材料的不断涌现和构图艺术的提高，立面处理的三段式布置也在不断更新。

2.整片式

整片式构图是一种较为简洁的处理方式，富有现代感，具体可分为两种形式，一种是封闭型，另一种是开放型。封闭型立面采用大片实墙面，刻意创造一种不受任何外界干扰的室内环境，并利用大片实墙面，布置新奇的广告标志以吸引顾客。开放型立面则是为了创造一种室内外空间相互融合、相互渗透的环境氛围，以增强室内外空间的联系，丰富空间层次。开放型的立面大多采用大片玻璃，常用的有普通隔热玻璃、镜面玻璃幕墙等。

3.网格式

网格式构图能充分表现建筑结构的特点，现代建筑越来越多地采用框架结构，在建筑立面处理时，根据框架的布置和功能使用要求，可采用网格式划分方式。然而，由于网格的立面形式较平淡，建筑师往往通过改变窗间墙的比例，如在转角处将玻璃的尺度加大，以赋予原有钢筋混凝土结构建筑以现代的、富有变化的外观形式。

（二）建筑外立面装饰色彩设计

1.对外立面色调的控制

外墙色彩是构成建筑环境的重要条件和视觉因素，选择色彩时不仅应考虑建筑物的风格、体量和尺度，还应考虑多数人是否能接受。

2.外立面的色彩选择

建筑是人们生活环境的一个组成因素，大部分建筑立面材料的颜色不易再改变，因此，建筑外立面的色彩必须为多数人所喜爱和接受。宜以一个颜色为主且为复合色，其他颜色处于从属地位，最忌多种颜色相间或交织使用。在选室外墙色彩时，选择比预期的颜色稍深、稍艳一些的颜色为宜。

（三）建筑外立面质感设计

建筑外立面的质感主要取决于所用的材料及装饰方法。

不同材料的质感是不同的，如铝板、塑铝板与玻璃幕墙就显得光滑细腻，而毛石、烧毛花岗岩与喷砂面、混凝土等就显得粗犷和富有力度感。饰面质感设计中不能只看所选材料本身的装饰效果，还要结合具体建筑物的体型、体量、立面风格等进行考虑。

建筑外立面装饰设计往往采取对立面不同部位选择不同饰面的做法，以求得质感上的对比与衬托，较好地体现立面风格或强调某些立面的处理意图。

第三节　室外局部装饰设计

一、入口装饰设计

入口是建筑中人流的主要通道，是建筑中与人关系最为密切的部位，是室内外空间的转换点，同时也是整个建筑构图的重点部位。当人们欣赏建筑时，往往特别注意入口建筑与整体的比例、位置是否合理、协调；当人们进入建筑时，入口往往给人们留下了对建筑的第一印象。入口是建筑内部空间序列的序曲，无论从建筑的使用功能还是从建筑造型要素来看，入口对于每一幢建筑都是极其重要的部分。因此，如何设法突出建筑入口，是建筑师要精心考虑的问题。

入口的装饰设计处理手法有以下几种。

（一）升高入口

从入口与地面的高度差、地面与入口的梯步过渡等方面处理入口，使升高的入口在视觉上更加明显，让人一目了然。在大型公共建筑中，为了便于疏散人群，台阶常常做得较宽大。这时，上升的台阶具有一定的导向性，这些都进一步强化了入口。对称构图的升高处理还能凸显建筑的雄伟、庄重。

（二）夸张入口

夸张入口是指通过对入口的夸张处理，强调入口在建筑中的位置，如用两层或三层楼梯的高度来强化建筑入口，这种夸张入口往往也成为该建筑构图的中心。

（三）凸出、凹进入口

将入口部分做凸出或凹进处理，也是处理入口的常用方法。凸出处理可造成建筑物的实体外突，取得醒目的效果。入口的凸出处理常表现为与入口相关的建筑形体的突出、入口上部外挑的处理和入口前廊道处理等三种方式。凹进的入口方式则较含蓄，它是通过入口的退让产生一种容纳和欢迎的暗示。凹进的入口常通过柱子、花坛、台阶的配合以加强引导性。

（四）非矩形入口

非矩形入口是通过入口及与入口相关部分的几何形体变化来强化入口的处理方法。常用的几何形状有三角形、圆拱形等。这种处理手法应注意入口与建筑整体构图的协调。

二、阳台装饰设计

阳台设计首先是满足使用功能，在此前提下考虑其装饰功能。必须处理好阳台与建筑主体的呼应关系，如比例、造型、质感关系等。根据阳台与建筑外墙的关系，阳台可分为凹阳台、凸阳台和半凹半凸阳台。阳台的造型复杂多变，有镂空的、实体的、纤细的、古典的等。

办公楼、宾馆、招待所阳台设计的重点在于装饰与美化建筑，在炎热地区亦能起到遮阳的作用。这些阳台设计，不像居住建筑中的阳台有着较强的固定模式，其可随建筑外观的要求灵活布置，对造型及美观的要求显得更为重要。根据形式，阳台可分为曲线型、直线型、转角型、折线型等。

三、柱墙面装饰设计

（一）材料与质感

在墙面装饰设计中，光洁材料常被用于建筑上部，粗糙材料常被用于建筑下部，以加强其稳定性。从视觉上，材料的粗糙感只有人在与墙面较近时才能感受到，这也正是粗糙材料常被用于底层的原因。此外，粗质材料常被用于体量较大的建筑上，以加强其高大和雄伟的效果；若其被用于小尺度建筑上，则可能在视觉上造成混乱。墙面装饰材料质感的对比能加强其装饰效果，材料的粗糙和光洁是相对的。

（二）色彩

在外墙饰面的色彩处理上，应注意以下问题。

①确保与周围环境颜色的协调统一。

②大片墙面的用色不宜采用纯度高的颜色，即整个外墙的色彩宜清新、淡雅些，重点色可用在小面积的墙、柱面上，这样才能保持总体的色彩效果。

③外墙用色宜少不宜多，且应以其中一种为主，其他的作为配色。

④建筑用色常以同一色彩的明暗变化或以某个灰白色调为主进行处理，这样可以获得较为协调的色彩关系；不同的色彩，特别是对比色的应用必须慎重，在设计中应多推敲，多做色调方案比较，以获得良好的色彩效果。

（三）分格线

分格线是从装饰效果出发，结合墙面施工缝线对墙面进行的划分处理。可根据外墙构图的需要做水平线、垂直线、方格网、矩形网格和其他几何形状的分格。分格的大小应与建筑的体量、尺度相称，格缝的宽度应满足人的视觉习惯。

第四节　玻璃幕墙设计

一、玻璃幕墙主要材料的选用

（一）钢材

在玻璃幕墙设计中，钢材的选用应符合以下规定。

第一，玻璃幕墙采用的不锈钢宜采用奥氏体不锈钢，不锈钢的技术要求应符合现行国家标准的规定。

第二，当幕墙高度超过 40 m 时，钢构件宜采用高耐候结构钢，并应在其表面涂刷防腐涂料。

第三，钢构件采用冷弯薄壁型钢时，除应符合现行国家行业标准的有关规定外，其壁厚不得小于 3.5 mm，承载力应进行验算，表面处理应符合现行国家行业标准的有关规定。

第四，玻璃幕墙采用的标准五金件应符合现行国家行业标准的规定。

第五，玻璃幕墙采用的非标准五金件应符合设计要求，并应有出厂合格证。同时应符合现行国家标准《紧固件机械性能不锈钢螺栓、螺钉和螺柱》（GB/T 3098.6—2014）和《紧固件机械性能不锈钢螺母》（GB/T 3098.15—2014）的规定。

（二）铝合金型材

在玻璃幕墙设计中，铝合金型材的选用应符合以下规定。

第一，材料进场时应提供型材产品合格证、型材力学性能检验报告（进口型材应有国家商检部门的商品检验证书）。资料不全的材料不能进场。

第二，检查铝合金型材外观质量，材料表面应清洁，色泽应均匀，不应有皱纹、裂纹、起皮、腐蚀斑点、气泡、电灼伤、流痕、发黏以及膜（涂）层脱落等缺陷存在，否则应予以修补，达到要求后方可使用。

第三，型材作为受力杆件时，其壁厚应根据使用条件，通过计算选定。如门窗受力杆件型材的最小实测壁厚应为21.2 mm，幕墙用受力杆件型材的最小实测壁厚应为23.0 mm。

第四，按照设计图纸，检查型材尺寸是否符合设计要求。铝合金壁厚应采用分辨率为0.05 mm的游标卡尺测量，并应在杆件同一截面的不同部位测量不少于5次，取最小值。

第五，型材长度小于或等于6 m时，允许偏差为+15 mm；型材长度大于6 m时，允许偏差由双方协商确定。材料现场的检验，应将同一厂家生产的同一型号、规格、批号的材料作为一个验收批，每批应随机抽取材料的3%且不得少于5件。

（三）玻璃

在玻璃幕墙装饰设计中，玻璃的选用应符合以下要求：

第一，幕墙玻璃的外观质量和性能应符合国家现行标准及行业标准的规定。

第二，玻璃幕墙采用阳光控制镀膜玻璃时，离线法生产的镀膜玻璃应采用真空磁控溅射法生产工艺；在线法生产的镀膜玻璃应采用热喷涂法生产工艺。

第三，玻璃幕墙采用中空玻璃时，除应符合现行国家标准《中空玻璃》（GB/T 11944—2012）的有关规定外，还应符合下列规定。

①中空玻璃气体层厚度不应小于 9 mm。

②中空玻璃应采用双道密封。一道密封应采用丁基热熔密封胶。隐框、半隐框及点支承玻璃幕墙用中空玻璃的二道密封应采用硅酮结构密封胶；明框玻璃幕墙用中空玻璃的二道密封宜采用聚硫中空玻璃密封胶，也可采用硅酮密封胶。二道密封应采用专用打胶机进行混合、打胶。

③中空玻璃的间隔铝框可采用连续折弯型或插角型，不得使用热熔型间隔胶条。间隔铝框中的干燥剂宜采用专用设备装填。

④加工中空玻璃的过程中，应注意消除玻璃表面产生的凹凸现象。

第四，幕墙玻璃应进行机械磨边处理，磨轮的目数应在 180 目以上。点支承幕墙玻璃的孔、板边缘均应进行磨边和倒棱，磨边宜细磨，倒棱宽度不宜小于 1 mm。

第五，钢化玻璃应经过二次热处理。

第六，玻璃幕墙采用夹层玻璃时，应采用干法加工合成的夹层玻璃，其夹片宜采用聚乙烯醇缩丁醛胶片；夹层玻璃合片时，应严格控制湿度和温度。

第七，玻璃幕墙采用单片低辐射镀膜玻璃时，应使用在线热喷涂低辐射镀膜玻璃；离线镀膜的低辐射镀膜玻璃宜加工成中空玻璃使用，且镀膜面应朝向中空气体层。

第八，有防火要求的幕墙玻璃，应根据防火等级要求，采用单片防火玻璃或其制品。

第九，玻璃幕墙宜用彩釉玻璃进行采光，釉料宜采用丝网印刷。

（四）结构胶和密封胶

幕墙使用的密封胶主要有结构密封胶、耐候密封胶、中空玻璃二道密封胶和管道防火密封胶。结构密封胶无论是双组分还是单组分，都必须采用中性硅酮结构密封胶，其性能必须符合《建筑用硅酮结构密封胶》（GB 16776—2005）的规定。耐候密封胶必须是中性单组分胶，酸碱性胶不能使用。

材料进场时，应提供结构硅酮胶剥离试验记录，每批硅酮结构胶的质量保证书及产品合格证，硅酮结构胶、密封胶与实际工程用基材的相容性报告（进口硅酮结构胶应有国家商检部门的商品检验证书），密封材料及衬垫材料的产品合格证等。资料不全的材料不能进场。

对照进场密封胶的厂家、型号、规格与材料报验单；检查胶桶上的有效日期能否保证密封胶在施工期内使用完；结构胶与耐候胶严禁换用。

二、玻璃幕墙的设计要求

玻璃幕墙虽然是一种现代的建筑墙体装饰方法，但同时具备着墙体应有的功能。所以，玻璃幕墙的设计不能仅仅从装饰作用的角度来考虑，还必须考虑其作为建筑的墙体所应满足的功能要求。

一般玻璃幕墙设计应满足以下要求。

第一，玻璃幕墙应具有抵抗风压的作用。设计时应注意不同地区风压值的区别，如内地与沿海风压大不相同，有关风压确定值可参考建筑结构设计规范。

第二，结构误差在允许范围内。玻璃幕墙连接的主体结构（如埋设铁件的楼板）的标高、水平、垂直偏差及平整度应按结构要求处理，但不得超过 25 mm，且不能累积。

第三，能满足温度应变要求。玻璃幕墙设计和安装应考虑以下条件，如吸收的阳光热量、季节温差范围（－15℃～40℃）以及日温差范围（10℃～27℃）。

第四，符合气密性与水密封性要求。

第五，符合耐火极限要求。楼板与幕墙间的上下间隙应用耐火材料完全封死，窗下墙与楼板间的接头也应用耐火材料保护，耐火极限应达到 1 h。

第六，符合抗震性能要求。在楼层变位为 H/200 时，要求幕墙不损坏或坠落。

第七，符合噪声处理要求。应采取适当处理，以防止因金属构件膨胀或收缩以及建筑结构变形而产生的开裂噪声。

第五节 建筑室外景观设计

一、建筑室外空间绿化设计

（一）绿化植物的功能

绿化植物的功能主要体现在心理功能、生态功能、物理功能三个方面。

1.心理功能

绿色是青春活力的象征，能使人心情舒畅。绿化植物能调节人的神经系统，使紧张、疲劳得到缓和，甚至消除。

2.生态功能

绿化植物能创造出极其有益的生态环境。绿化植物能制造新鲜氧气、净化空气，还可以调节温度、湿度。

3.物理功能

绿化植物的物理功能主要是遮阳隔热、防御风袭、隔声减噪。

（二）绿化植物的设计形式

绿化植物的布置应考虑建筑外部环境总体布局的要求，如建筑的功能特点、地区气候、土壤条件等因素，选择适应性强、既美观又经济的树种；绿化植物的布置还应考虑季节变化、空间构图等因素，选择适当的树种和布置方式，来弥补建筑群布局或环境条件的缺陷。

1.规则式

小游园中的道路、绿地均以规整的几何图形布置，多使用植篱、整形树、模纹景观及整形草坪等。花卉布置以图案式为主，花坛多为几何形，或组成大规模的花坛群。草坪平整面具有直线形或几何曲线形边缘等。规则式的布置方式常有明显的对称轴线或对称中心，树木形态一致，花卉布置多采用规则图案。

2.自然式

自然式是指游园中的道路曲折迂回，绿地形状各异，树木花卉为无规则组合的布置形式。树木种植无固定的株行距，形态大小不一，充分发挥树木自然生长的姿态，不求人工造型。植物种类丰富多样，应充分考虑植物的生态习性，以自然界植物生态群落为蓝本，创造生动活泼、清幽典雅的自然植被景观，如自然式丛林、疏林草地、自然式花境等。

3.混合式

混合式是规则式与自然式相结合的形式，通常指群体植物景观（群落景观）。混合式植物造景吸取了规则式和自然式的优点，既有整洁清新、色彩明快的整体效果，又有丰富多彩、变化无穷的自然景色；既具自然美，又具人工美。

（三）绿化植物的表现方法

1.乔木

（1）乔木的平面表现

乔木的平面表现可先以树干位置为圆心，以树冠平均半径作出圆，再加以表现，其表现手法非常多，表现风格变化很大。

根据不同的表现手法，可将乔木的平面表现划分为四种类型。

①轮廓型：在表现轮廓型时，乔木平面只用线条勾勒出轮廓即可，且线条可粗可细，轮廓可光滑，也可带有缺口或尖突。

②分枝型：在表现分枝型时，乔木平面中只用线条的组合表示树枝或枝干的分叉。

③枝叶型：在表现枝叶型时，乔木平面中既表示分枝又表示冠叶，树冠可用轮廓表示，也可用质感表示。这种类型可以看作其他几种类型的组合。

④质感型：在表现质感型时，乔木平面中只用线条的组合或排列表现树冠的质感。

（2）乔木的立面表现

在园林设计图中，乔木的立面画法要比平面画法复杂。从直观上看，一张摄影照片中的树和自然树的不同在于树木在照片上的轮廓是清晰可见的，而树木的细节已经含混不清。这就是说，人们在感受树木立面时最重要的是关注其轮廓。所以，立面图的画法要高度概括、省略细节、强调轮廓。

乔木的立面表现方法也可分为轮廓、分枝和质感等几大类型，但有时并不十分严格。乔木的立面表现形式有写实的，也有的会图案化或稍加变形，其风格应与树木平面和整个图画相一致。图案化的立面表现是比较理想的设计表现形式。

（3）乔木的效果表现

乔木的效果表现形式有写实、图案式和抽象变形三种形式。

①写实的表现形式：该表现形式较尊重树木的自然形态和枝干结构，冠、叶的质感刻画得也较细致，显得较逼真。

②图案式的表现形式：该表现形式是对树木的某些特征（如树形、分枝等）加以概括，以突出图案的效果。

③抽象变形的表现形式：该表现形式虽然也较程序化，但它加入了大量抽象、扭曲和变形的手法，使画面别具一格。

2.灌木

灌木没有明显的主干，平面形状有曲有直。自然式灌木丛的平面形状多不规则，修剪的灌木和绿篱的平面形状可规则，也可不规则，但其转角处是平滑的。灌木的平面表现方法与乔木类似，通常修剪成规则形状的灌木的平面可用轮廓、分枝型或枝叶型表现，不规则形状的灌木的平面宜用轮廓型和质感型表现，表现时以栽植范围为准。由于灌木通常丛生，没有明显的主干，因此灌木的立面不会与乔木的立面相混淆。

3.草坪

草坪的表现方法很多，下面介绍一些主要的表现方法。

（1）打点法

打点法是较简单的一种表现方法。用打点法画草坪时，所打的点的大小应基本一致，无论疏密，点都要打得相对均匀。

（2）小短线法

将小短线排列成行，每行的间距相近，排列整齐的可用来表示草坪，排列不规整的可用来表示草地或进行粗放式管理的草坪。

（3）线段排列法

线段排列法是最常用的草坪表现方法。该方法要求线段排列整齐，行间有断断续续的重叠，也可稍留些空白或行间留白。另外，也可用斜线排列表示草坪，排列方式可规则，也可随意。

4.绿篱

绿篱分常绿绿篱和落叶绿篱。常绿绿篱多用斜线或弧线交叉表示，落叶绿篱则只画绿篱外轮廓线或加上种植位置的黑点来表示。修剪的绿篱外轮廓线整齐平直，不修剪的绿篱外轮廓线为自然曲线。

5.攀缘植物

攀缘植物经常依附于小品、建筑、地形或其他植物，在景观设计制图表现中主要以象征指示的方式来表示。在平面图中，攀缘植物以轮廓表示为主，要注意描绘其攀缘线。如果是在建筑小品周围攀缘的植物，应在不影响建筑结构平面表现的条件下作示意图。表现攀缘植物的立面效果时，也应注意避让主体结构。

6.花卉

花卉在平面图中的表现方式与灌木相似，在图形符号上作相应的区别以表示其与其他植物类型的差异。在使用图形符号时，可以用装饰性的花卉图案来标注，效果美观贴切；还可以附着色彩，使具有花卉元素的设计平面图具备强烈的感染力。在立面效果表现中，花卉在纯墨线或钢笔材料条件下与灌木的表现方式区别不大。附彩的表现图以色彩的色相和纯度变化进行区别，可以获得较明显的效果。

7.竹子

竹子向来是广受欢迎的景观绿化植物，虽然其种类众多，但其有明显区别于其他植物的形态特征，即小枝上叶子的排列形似“个”字，因而在设计图中可充分利用这一特点来表示竹子。

8.棕榈科植物

棕榈科植物体态潇洒、优美，可根据其独特的形态特征以较为形象、直观的方法表示出来。

二、室外建筑小品设计

室外建筑小品是构成建筑外部空间的必要元素，建筑小品是功能简明、体量小巧、造型别致且富有特色的建筑部件，起到丰富空间、美化环境的作用，其艺术处理、形式的加工，以及同建筑群体环境的巧妙配置，可构成美妙的画面。

（一）建筑小品的设计原则

①建筑小品的设置应满足公共使用时的心理行为特点，小品全体应与环境内容相一致。

②建筑小品的造型要考虑外部空间环境的特点及总体设计意图，切忌生搬硬套。

③建筑小品的材料运用及构造处理应考虑室外气候的影响，防止因腐蚀、变形、褪色等现象的发生而影响整个设计的效果。

④对于批量采用的建筑小品，应考虑制作、安装的方便，防止变形、褪色等。

（二）建筑小品的种类

建筑小品在室外景观环境中的表现种类较多，其主要可分为景观兼使用功能的室外建筑小品和纯景观功能的建筑小品两类。

1.景观兼使用功能的室外建筑小品

景观兼使用功能的室外建筑小品是指具有一定实用性和使用价值的环境小品，在使用过程中还体现出一定的观赏性和装饰作用。它包括交通系统类景观建筑小品、服务系统类建筑小品、信息系统类建筑小品、照明系统类建筑小品、游乐类建筑小品等。较为常见的具有景观兼使用功能的室外建筑小品有以下几个。

（1）桥梁

桥梁是景观环境中的交通设施，与景观道路系统相配合，联系游览路线与观景点，组织景区的分隔与联系的关系。在设计时注意水面的划分与水路的通行。水景中桥的类型有梁桥、拱桥、浮桥、吊桥、亭桥与廊桥等。

（2）指示牌

由于休息设施多设置在室外，需要具有防水、防晒、防腐蚀等功能，所以在材料上，其多采用铸铁、不锈钢、防水木、石材等。

（3）座椅

座椅是景观环境中最常见的室外家具种类，为游人提供休息和交流之用。设计时，路边的座椅应离开路面一段距离，避开人流，形成休息的半开放空间。景观节点的座椅设施应设置在面对景色的位置，让游人休息的时候有景可观。

常见的座椅的形态有以下几种。

①直线构成，制作简单，造型简洁，给人一种稳定的平衡感。

②曲线构成，柔和丰满，流畅，婉转曲折，和谐生动，自然得体，从而取得变化多样的艺术效果。

③直线和曲线组合构成，有柔有刚，形神兼备，富有对比的变化，别有神韵。

④仿生与模拟自然界动物、植物形态的座椅，与环境相互呼应，产生趣味和生态美。

（4）垃圾箱

垃圾箱是环境中不可缺少的景观设施，是保护环境的有效措施。垃圾箱的设计在功能上要注意区分垃圾类型，能有效回收可利用的垃圾；在形态上要注意与环境协调，并利于人们投放垃圾和防止气味外溢。

（5）灯具

灯具也是景观环境中常用的室外家具，主要是为了方便游人夜行，渲染景观效果。灯具种类很多，分为路灯、草坪灯、水下灯以及各种装饰灯具等。

（6）游戏设施

游戏设施一般为12岁以下的儿童所设置。在设计时要考虑儿童的身高和动作的幅度，以及结构、材料的安全性，同时在游戏设施周围应设置家长的休息和看管座椅。游戏设施较为多见的有秋千、滑梯、沙场、爬杆、爬梯、绳具、转盘、跷跷板等。

2.纯景观功能的建筑小品

纯景观功能的建筑小品是指只起观赏和美化作用的小品，如雕塑、石景等。这类建筑小品可丰富建筑空间，渲染环境气氛，增添空间情趣，陶冶人们的情操，在环境中表现出强烈的观赏性和装饰性。常见的具有纯景观功能的建筑小品有以下几种。

（1）雕塑

雕塑是指用传统的雕塑手法，在石、木、泥、金属等材料上直接创作，反映历史、文化、思想和追求的艺术品。雕塑分为圆雕、浮雕和透雕三种基本形式，现代艺术中还出现了四维雕塑、五维雕塑、声光雕塑、动态雕塑和软雕塑等。装置艺术是“场地＋材料＋情感”的综合展示艺术。艺术家在特定的时空环境里，将日常生活中的物质文化实体进行选择、利用、改造、组合，以令其演绎出新的艺术形态。

（2）石景

石景采用真石而成，具有多种特点。其采用先进的光化技术，发出的光晕如梦如幻，涌出的汩汩水雾在净化、湿润空气的同时也让人如临仙境，文竹翠草在淙淙的流水声中渲染着幽静的气氛。

三、室外水体设计

（一）水体的类型

景观中的水体形式有自然状态下的水体和人工水景两种，人工水景的形态可分为静态水景和动态水景。

1.静态水景

静态水景指水体运动变化比较平缓、水面基本保持静止的水景。静态水景通常以人工湖、水池、游泳池等形式出现，并结合驳岸、置石、亭廊、花架等元素形成丰富的空间效果。

2.动态水景

动态水景由于水的流动而产生丰富的动感，营造出充满活力的空间氛围。现代水景设计通过人工对水流的控制（如排列、疏密、粗细、高低、大小、时间差等），并借助音乐和灯光的变化产生视觉上的冲击，进一步展示水体的活力和动态美，其主要有喷泉、涌泉、人工瀑布、人工溪流、壁泉、跌水等形式。

（二）水景景观设计形式

1.规则式水体

规则式水体是由规则的直线岸边和具有轮廓的曲线岸边围成的几何图形水体。根据水体平面设计上的特点，规则式水体可分为方形系列、斜边形系列、圆形系列等。

（1）方形系列水体

这类水体在面积较小时可设计为正方形和长方形；在面积较大时，则可在正方形和长方形基础上加以变化，设计为亚字形、凸角形、曲尺形、凹字形、凸字形和组合形等。另外，直线形的带状水渠，也应属于矩形系列的水体形状。

（2）斜边形系列水体

这类水体的平面形状为含有各种斜边的规则几何形，如三角形、六边形、菱形、五角形以及具有斜边的不对称、不规则的几何形。这类池形可用于不同面积的水体。

（3）圆形系列水体

圆形系列水体的平面形状主要有圆形、矩圆形、椭圆形、半圆形和月牙形等。这类池形主要适用于面积较小的水池。

2.自然式水体

自然式水体是指形式不规则、变化自然的水体，主要可分为宽阔型和带状型两种。

（1）宽阔型水体

一般园林中的湖、池多是宽阔型的，即水体的长宽比值在 1∶1 与 3∶1 之间。水面不为狭长形状，其面积可大可小。

（2）带状型水体

当水体的长宽比值超过 3∶1 时，水面呈狭长形状，即带状水体。园林中的河渠、溪涧等都属于带状水体。

四、建筑小品在室外空间中的运用

建筑小品在室外空间中的运用主要体现在以下几方面。

①利用建筑小品强调主体建筑物。

②利用建筑小品满足环境功能要求。

③利用建筑小品分隔与联系空间。

④将建筑小品作为观赏对象。

第七章　门窗工程施工工艺

第一节　木门窗制作与安装工程

一、木门窗的构造形式与分类

（一）木门窗的构造形式

木制门的主要构造形式有夹板门、镶板（木板、胶合板或纤维板等）门、双扇门、拼板门、推拉门、平开木大门和弹簧门等。木窗的主要构造形式有平开窗、推拉窗、旋转窗、提拉窗和百叶窗等。

（二）木门窗的分类

木门窗可按主要材料、门窗周边形状、使用场所、产品表面饰面进行分类。其中，木门也可按门扇内部填充材料多少分为实芯门扇、半实芯门扇。

1.按主要材料分类

木门窗可分为实木门窗、实木复合门窗、木质复合门窗、综合木门窗。

2.按门窗周边形状分类

木门窗可分为平口门窗、企口凸边门窗、异型边门窗。

3.按使用场所分类

木门窗可分为外门窗、内门窗。

4.按产品表面饰面分类

木门窗可分为涂饰门窗，覆面门窗，覆面、涂饰复合门窗。

二、木工工具

（一）量具

量具是用来度量、检验工件尺寸的工具，它们有时也可用来画线。量具种类有直尺、钢卷尺、角尺、三角尺、折尺、水平尺、线坠、活络角尺等。

1.直尺

直尺有木质和钢质两种。木质直尺是用不易变形的硬杂木制成，尺身一侧刨成斜楞并夹有钢片，尺身上印有刻度。它的长度一般为300～1 000 mm。木尺主要用来度量工件的长短和宽厚，检验工件的平直度，也可用来画线。

钢质直尺用不锈钢制成，它的两边和尺面平直、光滑，一面刻有刻度，它的长度一般为150～1 000 mm，主要用来度量精度要求较高的工件尺寸和画线。

2.钢卷尺

钢卷尺由薄钢片制成，放置于钢制或塑料制成的圆盒中。大钢卷尺的规格有5 m、10 m、15 m、20 m、30 m、50 m等，小钢卷尺的规格有1m、2 m、3.5 m等。

3.角尺

角尺有木制和钢制两种。一般尺柄长15～20 cm，尺翼长20～40 cm，柄、翼互相垂直，用于画垂直线、平行线及检查平面是否平整。

4.三角尺

三角尺用不易变形的木料制成，尺翼与尺柄的交角为90°，其余两角为45°。使用时，应将尺柄贴紧物面边棱，可画出45°角及垂线。

5.折尺

折尺有四折尺和八折尺两种。四折尺是用钢质铰链、铜质包头把四块薄木板条连接而成的。公制四折尺展开长度为500 mm，英制四折尺展开长度为2英尺（约610 mm）。八折尺是用铁皮圈及铆钉将八节薄板板条连接而成，它的长度为1 000 mm。折尺上一般刻有公制和市尺（或英尺）刻度，主要用于工件度量和画线。木折尺使用时要拉直，并贴平物面。

6.水平尺

水平尺的中部及端部各装有水准管，当水准管内气泡居中时，即成水平。水平尺用于检验物面的水平或垂直情况。

7.线坠

线坠是用金属制成的正圆锥体，在其上端中央设有带孔螺栓盖，可系一根细绳，用于校验物面是否垂直。使用时手持绳的上端，坠尖向下自由下垂。当绳线与物面上下距离一致时，表明该物面是垂直的。

8.活络角尺

活络角尺的尺柄和尺翼是用螺栓连接的，尺翼叠放在尺柄上，尺翼同尺柄之间的角度可以随意调节。为了调节和固定角度的方便，螺栓上的螺母应用蝴蝶螺母。

活络角尺的尺翼和尺柄用硬杂木制作，也可用铝板或钢板制作。活络角尺主要用来画斜线。使用时，先松开蝴蝶螺母，用量角器或样板将活络角尺的尺柄与尺翼之间的角度调好后，再拧紧蝴蝶螺母。将尺柄紧贴工件长边，就可沿尺翼画出固定角度的斜线来。

（二）画线工具

1.丁字尺

丁字尺可用硬杂木做尺柄，硬杂木或绝缘板做尺翼。尺柄与尺翼成 90°，并以木螺钉固定，叠交面用胶粘。丁字尺的尺柄厚为 10 mm、宽为 50 mm、长为 200～300 mm，尺翼厚为 48 mm、宽为 50～80 mm、长为 400～1 000 mm。

丁字尺主要用于大批量工件的榫眼画线。画线时，将工件一个个紧挨着排放在画线台上，最上边放一个已画好线的样板。将丁字尺的尺柄紧贴在样板的长边，尺翼一边对着样板上的线条压在工件上，左手按紧尺翼，右手握住竹笔或木工铅笔，在工件上画线。画好一条线后，移动丁字尺按上述步骤将其他线画好。取走画好线的工件后，再放入新工件继续画线。

2.墨斗

墨斗是一种弹线工具，它可以用来放大样、弹锯口线、弹中心线等。由圆筒、摇把、线轮和定针等组成。圆筒内装有饱含墨汁的丝绵或棉花，筒身上留有对穿线孔，线轮上绕有线绳，线绳的一端拴住定针。

弹线时，一人拉住线的前端，一人手持墨斗，左手拇指将竹笔压在墨池里的墨线上，墨线两端压在工件上并绷紧，右手食指和拇指垂直地提起墨线，突然放开，即在工件上留出一道墨迹。

3.勒线器

勒线器（见图 7-1）由勒子档、勒子杆、活楔和小刀片等部分组成。勒子档多用硬木制成，中凿孔以穿勒子杆，杆的一端安装小刀片，杆侧用活楔与勒子档楔紧。

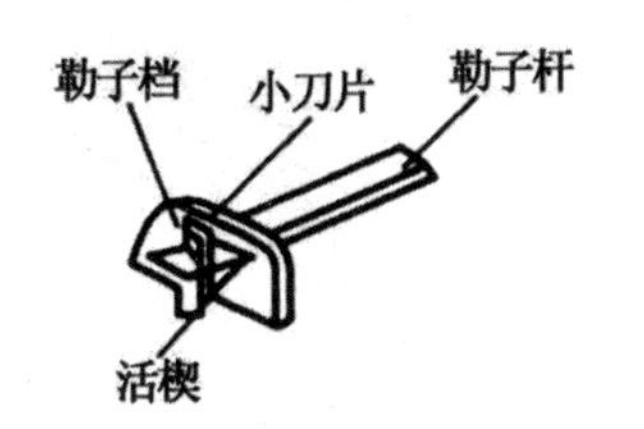

图 7-1　勒线器

（三）木工手工工具

1.刨

刨分手工刨和电动刨。

手工刨是木工重要的工具之一。它是一种刨光平面、曲面或加工槽、口、线的手工工具。木材经过刨削后，表面会变得平整、光滑，具有一定的精度。

手工刨的种类很多，根据不同的加工要求，可分为平刨、凸刨、凹刨、平槽刨、槽刨、边刨、铲刨、蝴蝶刨等，具体见图 7-2。

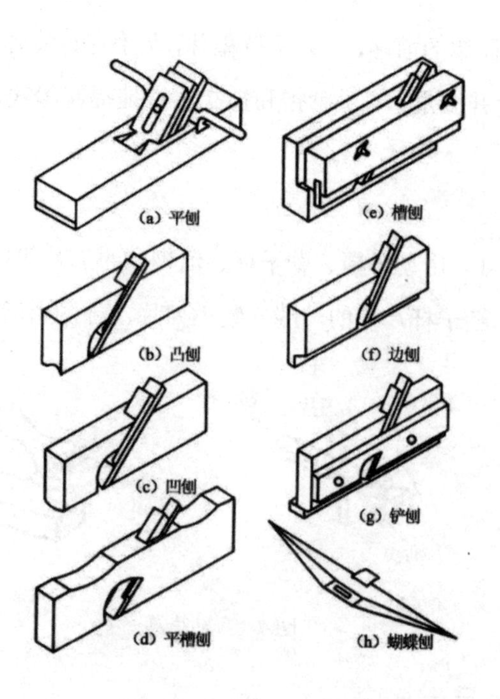

图 7-2 刨的种类

手提木工电动刨（见图 7-3）是以高速回转的刀头来刨削木材的，它类似倒置的小型平刨床。操作时，左手握住刨体前面的圆柄，右手握住机身后的手把，向前平稳地推进刨削。往回退时应将刨身提起，以免损坏工件表面。

手提木工电动刨不仅可以刨平面，还可倒棱、裁口和刨削夹板门的侧面。

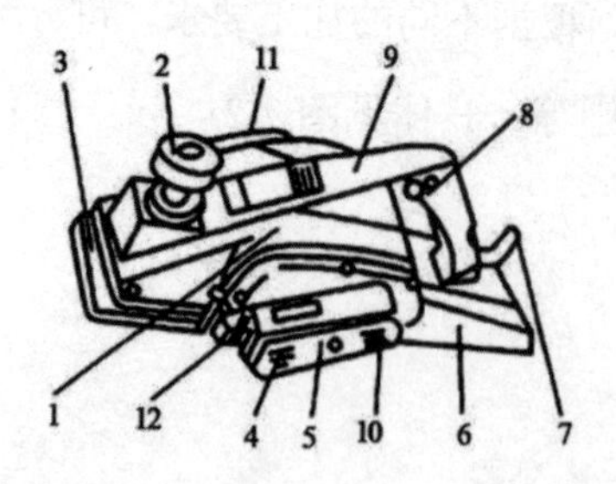

1—罩壳；2—调节螺母；3—前座板；4—主轴；5—皮带罩壳；6—后座板；7—接线头；8—开关；9—手柄；10—电机轴；11—木屑出口；12—炭刷。

图 7-3 手提木工电动刨

2.斧

斧是一种砍削和敲击工具。斧有单刃斧和双刃斧两种。双刃斧的刃口在中间，刃角较大，适合劈削木材；单刃斧（见图 7-4）的刃口在一边，角度较小（约 35°），适于砍削。木工常用的是单刃斧。单刃斧的质量在 0.5～1.5 kg 之间，斧柄用硬杂木制作，长约 400 mm。

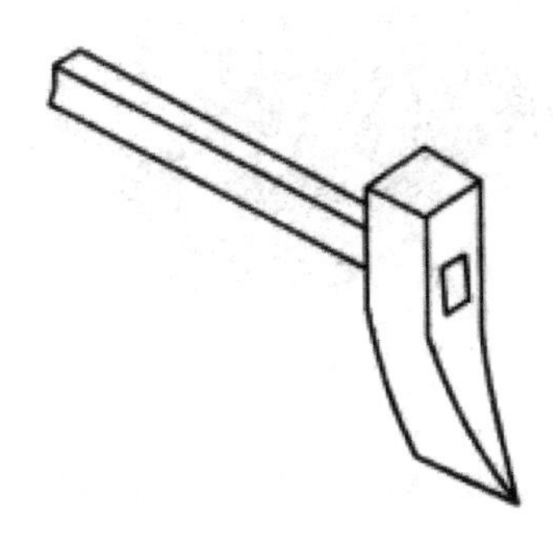

图 7-4　单刃斧

3.锯

锯分手动锯和电动锯。

手动锯的种类很多，有刀锯、钢丝锯、框锯、侧锯和横锯，具体见图 7-5。锯可将木材横截、纵解和曲线锯割。

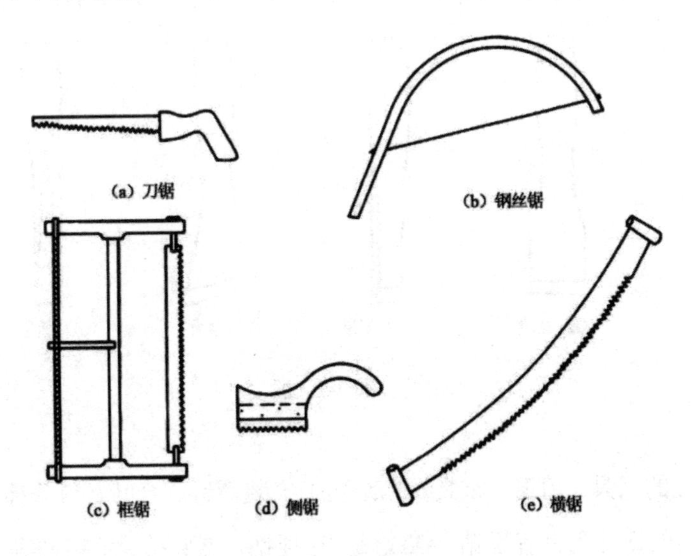

图 7-5　手动锯

手提电动圆锯机（见图 7-6）由小型电动机直接带动锯片旋转，由电动机、锯片、机架、手柄及防护罩等部分组成，可用来横截和纵解木料。锯割时锯片高速旋转并部分外露，操作时必须注意安全。

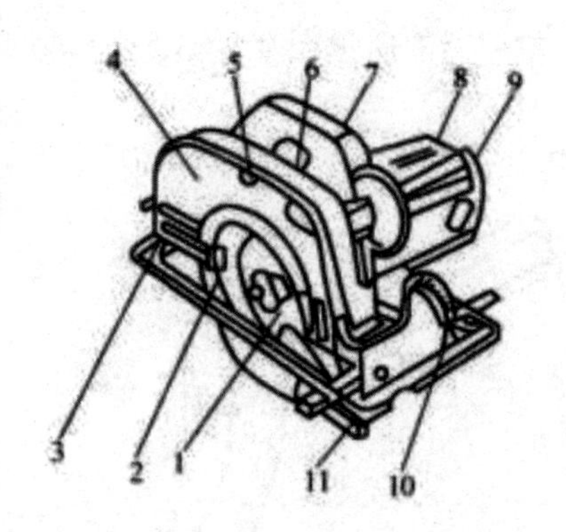

1—锯片；2—安全护罩；3—底架；4—上罩壳；5—锯切深度调整装置；6—开关；

7—接线盒手柄；8—电动机罩壳；9—操作手柄；10—锯切角度调整装置；11—靠山。

图 7-6　手提电动圆锯机

4.凿

凿是用于打眼、挖孔、剔槽的手工工具。凿由硬质木柄和优质工具钢凿体两部分组成。凿的种类很多，常用的有宽凿、窄凿、斜凿和圆凿，如图 7-7 所示。

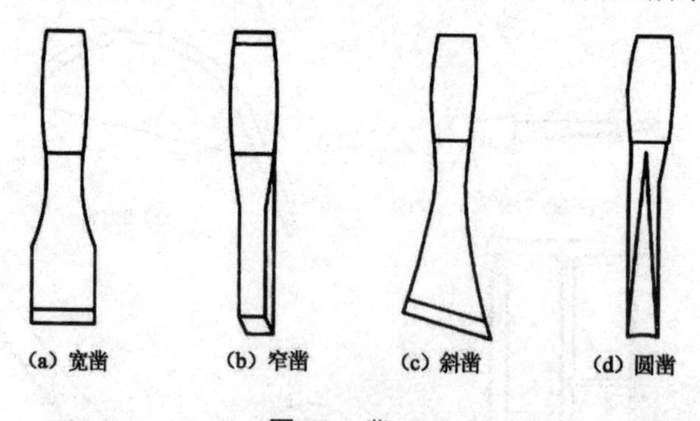

图 7-7　凿

5.钻

钻是打孔的工具。门窗、家具及木结构上安装螺钉、合叶、锁等都要在产品或工件上钻孔。常用的钻孔工具有手钻、螺纹钻、弓摇钻、螺旋钻、手摇钻等，如图 7-8 所示。

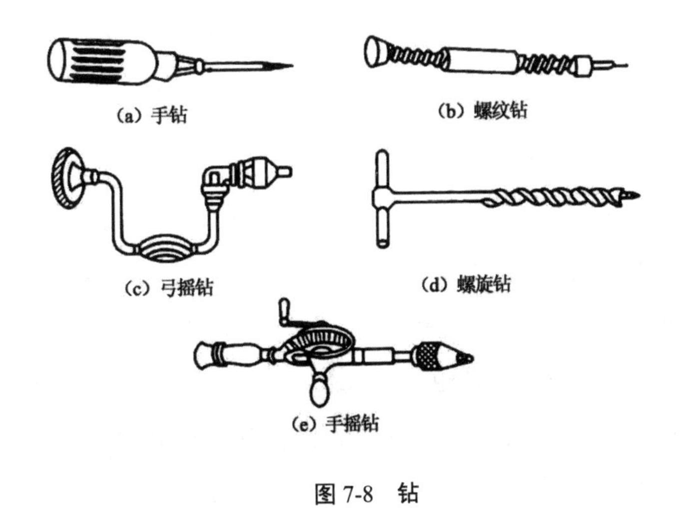

图 7-8　钻

三、木门窗制作

（一）配料与截料

配料前要熟悉图纸，了解门窗的构造、各部分尺寸、制作数量和质量要求。计算出各部件的尺寸和数量，列出配料单，按配料单进行配料。如果数量少，可直接配料。

配料时，对木方材料要进行选择。不用有腐朽、斜裂、节疤大的木料，不干燥的木料也不能使用。同时要先配长料后配短料，先配框料后配扇料，使木料得到充分、合理的使用。

制作门窗时，往往需要大量刨削，拼装时也会有损耗。所以，配料必须加大尺寸，即各种部件的毛料尺寸要比其净料尺寸大些，最后才能达到图纸上规定的尺寸。门窗料的断面，如要两面刨光，其毛料要比净料加大 4～5 mm；如只是单面刨光，要加大 2～3 mm。

在选配的木料上按毛料尺寸画出截断、锯开线，考虑到锯解木料时的损耗，一般留出 2～3 mm 的损耗量。锯切时，要注意锯线直、端面平，并注意不要锯锚线，以免造成浪费。

（二）刨料

刨料前，宜选择纹理清晰、无节疤和毛病较少的材面作为正面。对于框料，任选一个窄面为正面；对于扇料，任选一个宽面为正面。

刨料时，应看清木料的顺纹和逆纹，应当顺着木纹刨削，以免戗槎。

正面刨平直以后，要打上记号，再刨垂直的一面，两个面的夹角必须是 90°，一面刨料，一面用角尺测量。然后以这两个面为准，用勒子在料上画出所需要的厚度线和宽度线。整根料刨好后，这两根线也不能刨掉。

门、窗的框料，靠墙的一面可以不刨光，但要刨出两道灰线。扇料必须四面刨光，画线时才能准确。料刨好后，应按框、扇分别码放，上下对齐。放料的场地要求平整、坚实。

（三）划线

划线前，先要弄清楚榫、眼的尺寸和形式，什么地方做榫，什么地方凿眼。眼的位置应在木料的中间，宽度不超过木料厚度的 1/3，由凿子的宽度确定。榫头的厚度是根据眼的宽度确定的，半榫长度应为木料宽度的 1/2。

对于成批的料，应选出两根刨好的料，大面相对放在一起，划上榫、眼的位置。要记住，使用角尺、画线竹笔、勒子时，都应靠在大号的大面和小面上。划的线经检查无误后，以这两根料为板再成批划线。要求划线清楚、准确、齐全。

（四）凿眼

凿眼时，要选择与眼的宽度相等的凿子。凿刃要锋利，刃口必须磨齐平，中间不能凸起成弧形。先凿透眼后凿半眼，凿透眼时先凿背面，凿到 1/2 眼深，最多不能超过 2/3 眼深，然后把木料翻过来凿正面，直到把眼凿透。这样凿眼，可避免把木料凿劈裂。另外，眼的正面边线要凿去半条线，留下半条线，榫头开榫时也留半线，榫、眼合起来成一条线，这样榫、眼的结合才紧密。眼的背面按线凿，不留线，使眼比面略宽，这样在眼中插入榫头时，可避免挤裂眼口的四周。

凿好的眼要求方正，两边要平直。眼内要清洁，不留木渣。千万不要把中间凿凹了。

凹的眼加楔时，不能夹紧，榫头很容易松动，这是门窗出现松动、关不上、下垂等质量问题的原因之一。

（五）倒棱与裁口

倒棱与裁口是在门框梃上做出的，倒棱起装饰作用，门扇在关闭时裁口起限位作用。倒棱要平直，宽度要均匀；裁口要方正、平直，不能有戗槎、凹凸不平的现象。最忌讳口根有台，即裁口的角上木料没有刨净。也有的不在门框梃木方上做裁口，而是用一根小木条粘钉在门框梃木方上。

（六）开榫与断肩

开榫也叫倒卯，就是按榫的纵向线锯开，锯到榫的根部时，要把锯立起来锯几下，但不要过线。开榫时要留半线，其半样长为木料宽度的 1/2，应比半眼深少 1～2 mm，以备榫头因受潮而伸长。开榫要用锯小料的细齿锯。

断肩就是把榫两边的肩膀断掉。断肩时也要留线，快锯掉时要慢些，防止伤了榫眼。断肩要用小锯。

榫头锯好后插进眼里，以不松、不紧为宜。锯好的半榫应比眼稍大。组装时在四面磨角倒棱，抹上胶用锤敲进去，这样的榫使用长久，不易松动。如果半榫锯薄了，放进眼里松动，可在半榫上加两个破头楔，抹上胶打入半眼内，使破头楔把半榫撑开，借以补救。锯成的榫要方正、平直，不能歪歪扭扭，不能伤榫眼。

（七）组装与净面

组装门窗框、扇前，应选出各部件的正面，以便使其组装后正面在同一面，把组装后刨不到的面上的线用砂纸打掉。门框组装前，先在两根框梃上量出门高，用细锯锯出一道锯口，或用记号笔画出一道线，这就是室内地坪线，作为立框的标记。

门窗框的组装，是把一根边梃平放，将中贯档、上冒头（窗框还有下冒头）的榫插入梃的眼里，再装上另一边的梃，用锤轻轻敲打拼合，敲打时要垫上木块，防止打坏榫头或留下敲打的痕迹。待整个门窗框拼好并归方以后，再将所有的榫头敲实，锯断露出的榫头。

门窗扇的组装方法与门窗框基本相同，但门扇中有门板，须先把门芯按尺寸裁好，一般门芯板应比在门扇边上量得的尺寸小 3～5 mm，门芯板的四边去棱、刨光。然后，先把一根门梃平放，将冒头逐个装入，门芯板嵌入冒头与门梃的凹槽内，再将另一根门梃的眼对准榫装入，并用锤将木块敲紧。

门窗框、扇组装好后，为使其成为一个结实的整体，必须在眼中加木楔，将榫在眼中挤紧。木楔长度与榫头一样长，宽度比眼宽窄 2～3 mm，楔子头用扁铲顺木纹铲尖。加楔时，应先检查门窗框、扇的方正，掌握其歪扭情况，以便在加楔时调整、纠正。

一般每个榫头内必须加两个楔子。加楔时，用凿子或斧子把榫头凿出一道缝，将楔子两面抹上胶插进缝内，敲打楔子要先轻后重，逐步打入，不要用力太猛。当楔子打不动，孔眼已卡紧、饱满时，无须再敲，以免将木料撑裂。在加楔过程中，对框、扇要随时用角尺或尺杆上下窜角找方正，并校正框、扇的不平处，加楔时注意纠正。

将组装好的门窗框、扇，用细刨或砂纸修平、修光。双扇门窗要配好对，对缝的裁口要刨好。安装前，门窗框靠墙的一面，均要刷一道沥青，以增强防腐能力。

为了防止校正好的门窗框再变形，应在门框下端钉上拉杆，拉杆下皮正好是锯口或记号的地坪线。大一些的门窗框，要在中贯横档与梃间钉八字撑杆。

四、木门窗安装

木门窗的安装有立口法安装和塞口法安装两种方法。

（一）立口法安装

立口法安装是指将加工合格的门、窗框先立在墙体的设计位置上，再砌两侧的墙体，这种方法多用于砖结构或砖混结构的主体。

1.立门窗框（立口）

立门窗框前须对成品加以检查，进行校正规方，钉好斜拉条（不得少于两根），无下槛的门框应加钉水平拉条，以防在运输和安装中变形。

立门窗框前要事先准备好撑杆、木橛子、木砖或倒刺钉，并在门窗框上钉好护角条；立门窗框前，要看清门窗框在施工图上的位置、标高、型号、门窗框规格、门扇开启方向，以及门窗框是里平、外平或是立在墙中等。

立门窗框时要注意拉通线，撑杆下端要固定在木橛子上；立框时要用线坠找直吊正，并在砌筑砖墙时随时检查有无倾斜或移动。

2.木门窗扇安装

安装前检查门窗扇的型号、规格、质量是否合乎要求，如发现问题，应事先修好或更换；量好门窗框的高低、宽窄尺寸，然后在相应的扇边上画出高低、宽窄的线，双扇门窗要打叠（自由门除外），先在中间缝处画出中线，再画出边线，并保证梃宽一致，上下冒头也要画线刨直；画好高低、宽窄线后，用粗刨刨去线外部分，再用细刨刨至表面光滑、平直，使其符合设计尺寸要求。

将扇放入框中试装合格后，按扇高的 1/8～1/10，在框上按合叶大小画线，并剔出合叶槽，槽深一定要与合叶厚度相适应，槽底要平。门窗扇安装的留缝宽度应符合有关标准的规定。

3.木门窗小五金安装

有木节处或已填补的木节处，均不得安装小五金。

安装合叶、插销、L 铁、T 铁等小五金时，先用锤将木螺钉打入其长度的 1/3，然后用螺钉旋具将木螺钉拧紧、拧平，不得歪扭、倾斜。严禁打入全部深度。采用硬木时，应先钻 2/3 深度的孔，孔径为木螺钉直径的 9/10，然后再将木螺钉由孔中拧入。

合叶距门窗上、下端宜取立梃高度的 1/10，并避开上、下冒头。安装后应开关灵活。门窗拉手应位于门窗高度中点以下，窗拉手距地面以 1.5～1.6 m 为宜，门拉手距地面以 0.9～1.05 m 为宜，门拉手应里外一致。

门锁不宜安装在中冒头与立梃的结合处，以防伤榫。门锁位置一般宜高出地面 900～950 mm。门窗扇嵌 L 铁、T 铁时应加以隐蔽，做凹槽，安完后应低于表面 1 mm 左右。门窗扇为外开时，L 铁、T 铁安在内面；内开时，L 铁、T 铁应安在外面。

上、下插销要安在梃宽的中间；如采用暗插销，则应在外梃上剔槽。

（二）塞口法安装

塞口法安装是指在主体结构施工时在设计的门窗位置预留出门窗洞口，主体结构施工完毕经验收合格后，再将门窗框塞入并进行固定。

1.预安窗扇

预安窗扇就是窗框安到墙上以前，先将窗扇安到窗框上，方便操作，提高工效。其操作要点有以下几点。

①按图纸要求，检查各类窗的规格、质量；如发现问题，应进行修整。

②按图纸的要求，将窗框放到支撑好的临时木架（等于窗洞口）内调整，用木拉子或木楔子将窗框稳固，然后安装窗扇。

③对推广采用外墙板施工者，可以将窗扇和纱窗扇同时安装好。

④有关安装技术要点，与现场安装窗扇要求一致。

⑤对于装好的窗框、扇，应将插销插好，风钩用小圆钉暂时固定，把小圆钉砸倒，并在水平面内加钉木拉子，码垛垫平，防止变形。

⑥对于已安好五金的窗框，要将底油和第一道油漆刷好，以防受湿变形。

⑦在塞放窗框时，应按图纸核对，做到平整、方直，如窗框边与墙中预埋木砖有缝隙时，应加木垫垫实，用大木螺钉或圆钉与墙木砖连接牢固，并将上冒头紧靠过梁，下冒头垫平，用木楔夹紧。

2.木门窗小五金安装

木门窗小五金安装可参照“立口法安装”中木门窗小五金安装方法进行。

3.塞门窗框

后塞门窗框前要预先检查门窗洞口的尺寸、垂直度及木砖数量，如有问题，应立即解决。

门窗框应用钉子固定在墙内的预埋木砖上，每边的固定点应不少于两处，其间距应不大于1.2 m。

在预留门窗洞口的同时，应留出门窗框走头（门窗框上、下槛两端伸出口外部分）的缺口，在门窗框调整就位后，封砌缺口；当受条件限制，门窗框不能留走头时，应采取可靠措施将门窗框固定在墙内木砖上。

后塞门窗框时需注意水平线要直。多层建筑的门窗在墙中的位置，应在一直线上。安装时，横竖均拉通线。当门窗框的一面需镶贴脸板，则门窗框应凸出墙面，凸出的厚度等于抹灰层的厚度。寒冷地区门窗框与外墙间的空隙，应填塞保温材料。

五、木门窗制作与安装的禁忌

（一）门窗框、扇配（截）料时预留的加工余量不足

1.危害性

木门窗框、门窗扇的毛料加工余量不足，一是会影响门窗框、门窗扇表面不平、不光、戗槎；二是会造成门窗框、门窗扇截面尺寸达不到设计要求，影响门窗框、门窗扇的强度和刚度。

2.防治措施

门窗框、门窗扇的毛料应有一定的加工余量，宽度和厚度的加工余量为：①一面刨光者留 3 mm，两面刨光者留 5 mm。②有走头的门窗框冒头，要考虑锚固长度，可加长 200 mm；无走头者，为防止打眼拼装时加楔劈裂，亦应加长 40 mm，其他门窗框中冒头、窗框中竖梃、门窗扇冒头、玻璃根子应按图纸规格加长 10 mm，门窗扇梃加长 40 mm。③门框立梃要按图纸规格加长 70 mm，以便下端固定在粉刷层内。

（二）门窗框安装不牢、松动

1.危害性

由于木砖的数量少、间距大或木砖本身松动，门窗框与木砖固定用的钉子小，钉嵌不牢，门窗框安装后松动，造成边缝空裂，无法进行门窗扇的安装，影响使用；或门窗扇安装好关闭时，扇和框的边框不在同一平面内，扇边高出框边，或者框边高出扇边，影响美观，同时也降低了门窗的密封性能。

2.防治措施

结构施工时一定要在门窗洞口处预留木砖，其数量及间距应符合规范要求，木砖一

定要进行防腐处理；加气墙、空心砖墙应采用混凝土块木砖；现制混凝土墙及预制混凝土隔断应在混凝土浇筑前安装燕尾式木砖，木砖的间距控制在 50～60 cm 为宜。

门框安装好后，要做好成品保护，防止推车时碰撞。必须将门框缝隙嵌实，并达到规定强度后，方可进行下道工序。

严禁将门窗框作为脚手板的支撑或提升重物的支点，防止门窗框损坏和变形。对门窗框与扇接触面不平的可按以下方法处理。

①如扇面高出框面不超过 2 mm 时，可将门窗扇的边梃适当刨削至基本平整。

②如扇面高出框面超过 2 mm 时，可将裁口宽度适当加宽至与扇梃厚度吻合。

③如局部不平，可根据情况刨削平整。

第二节　金属门窗安装工程

一、钢门窗安装

（一）钢门窗的类型及主要特点

1.普通钢门窗

（1）实腹钢门窗

实腹钢门窗是将普通低碳钢经热轧成型材，再经过切割下料、冲（钻）孔、焊接并与相应的附件组装而成。这种门窗因其用钢量大、自重大、保温、隔热、隔声性能差，装饰效果也不理想，逐渐被淘汰。

（2）空腹钢门窗

空腹钢门窗是利用冷轧带钢经过高频焊管机组轧制、焊接成各种型材，再经过机械加工组装而成。同实腹钢门窗相比，空腹钢门窗具有用钢量少、自重轻、刚度大，有一定的保温、隔声性能，但耐腐蚀性能差，一些工业建筑和档次较低的民用建筑门窗还在使用。

总体上看，钢门窗不仅耐腐蚀性能差，密闭性（气密性、水密性）也不好，导热系数大，热损耗多，所以高级建筑物，特别是有集中空调设备的大型公共建筑已不再采用。

2.涂层镀锌钢板门窗

涂层镀锌钢板门窗是一种新型的钢门窗，以涂色的镀锌钢板和 4 mm 厚的玻璃或双层中空玻璃为主要原料，经过机械加工而成，色彩有乳白色、绿色、棕色、红色和蓝色等。镀锌钢板门窗根据其构造不同，有带副框和不带副框两种类型。建筑物外墙为花岗石板材、陶瓷贴面砖装饰或门窗与内墙面需要平齐时，使用带副框的镀锌钢板门窗；外墙为涂料装饰，门窗与墙体直接连接时，使用不带副框的镀锌钢板门窗。

（二）钢门窗安装材料质量要求

1.钢门窗

钢门窗厂生产的钢门窗，其型号、品种均应符合设计要求。进场前应先对钢门窗进行验收，不合格的不准进场。运到现场的钢门窗应分类堆放，不能参差挤压，以免变形。堆放场地应干燥，并有防雨、排水措施。搬运时，应轻拿轻放，严禁扔、摔。

2.水泥、砂

水泥为 42.5 级及以上，砂为中砂或粗砂。

3.玻璃、油灰

玻璃、油灰应符合设计要求。

4.焊条

使用的电焊条也应符合相关要求。

（三）钢门窗安装步骤

1.弹控制线

钢门窗安装前，应在离地、楼面 500 mm 高的墙面上弹一条水平控制线；再按门窗的安装标高、尺寸和开启方向，在墙体预留洞口四周弹出门窗落位线。如为双层钢窗，钢窗之间的距离应符合设计规定或生产厂家的产品要求，如设计无具体规定，两窗扇之间的净距应不小于 100 mm。

2.立钢门窗及校正

将钢门窗塞入洞口内，用对拔木楔（或称木榫）做临时固定。木楔固定钢门窗的位置，须设置于门窗四角和框梃端部，否则容易产生变形。此后即用水平尺、吊线坠及对角线尺量等方法，校正门窗框的水平度与垂直度，同时调整木楔，使门窗达到横平竖直、高低一致。待同一墙面相邻的门窗就位固定后，再拉水平通线找齐；上下层窗框吊线找垂直，以做到左右通平、上下层顺直。

3.门窗框固定

钢门窗框的固定方法在实际工程中多有不同，最常用的做法是采用 3 mm×（12～18）mm×（100～150）mm 的扁钢铁脚。但是无论采用何种做法固定钢门窗框，均应注意三个方面的问题。

①认真检查其平整度和对角线，务必保证平整、方正；否则会给进一步的安装带来困难。

②严格检查钢门窗的上、下冒头及扇的开启方向，以免装配时出现错误。

③钢门窗的连接件、配件应预先核查是否配套，否则会影响安装速度和工程质量。

当采用铁脚固定钢门窗时，铁脚埋设洞必须用 1∶2 水泥砂浆或豆石混凝土填塞严实，并注意浇水养护。待填洞材料达到一定强度后，再用水泥砂浆嵌实门窗框四周的缝隙，砂浆凝固后取出木楔，再次堵嵌水泥砂浆。水泥砂浆凝固前，不得在门窗上进行任何作业。

4.安装五金配件

钢门窗的五金配件安装宜在内外墙面装饰施工结束后进行；高层建筑应在安装玻璃前将机螺钉拧在门窗框上，待油漆工程完成后再安装五金配件。安装五金配件前，要检查钢门窗在洞口内是否牢固；门窗框与墙体之间的缝隙是否已嵌填密实；窗扇轻轻关拢后，其上面密合，下面略有缝隙，看启闭是否灵活，里框下端吊角等是否符合要求（一般双扇窗吊角应整齐一致，平开窗吊高为 2～4 mm，邻窗间玻璃中心应平齐一致）。如有缺陷须经调整后方可安装零配件。所用五金配件应按生产厂家提供的装配图经试装合格后，方可全面进行安装。各类五金配件的转动和滑动配合处，应灵活、无卡阻现象。

装配螺钉拧紧后不得松动，埋头螺钉不得高出零件表面。

5.安装橡胶密封条

氯丁海绵橡胶密封条需通过胶带贴在门窗框的大面内侧。胶条有两种，一种是 K 形，适用于 25A 空腹钢门窗；另一种是 S 形，适用于 32 mm 实腹钢门窗。胶带是由细纱布双面涂胶，用聚乙烯薄膜做隔离层。粘贴时，首先将胶带粘贴于门窗框大面内侧，然后剥除隔离层，再将密封条粘在胶带上。

6.安装纱门窗

先对纱门和纱窗扇进行检查，如有变形应及时校正。高、宽大于 1 400 mm 的纱扇，在装纱前要将纱扇中部用木条做临时支撑，以防扇纱凹陷影响使用。在检查压纱条和纱扇配套后，将纱裁割且比实际尺寸长出 50 mm 即可以绷纱。绷纱时先用机螺钉拧入上、下压纱条，再装两侧压纱条，切除多余纱头，再将机螺钉的丝扣剔平并用钢板锉锉平。待纱门窗扇装纱完成后，于交工前再将纱门窗扇安装在钢门窗框上。最后，在纱门上安装护纱条和拉手。

（四）涂色镀锌钢板门窗安装

1.涂色镀锌钢板门窗安装施工准备

第一，按图纸要求核对门窗规格、尺寸及开启方式，并检查门窗是否因运输或存放造成损坏，如挠曲变形、玻璃和零附件被损坏、划伤等。如有损伤，应予修复。

第二，安装脚手架及必要的安全设施。

第三，准备必要的机具和辅助材料，如电锤、射钉枪和密封膏等。

第四，钢板门窗在运输、存放过程中，应严防磕碰与划伤，并严禁在腐蚀性较大及潮湿的地方存放。

第五，检查门窗洞口的尺寸及施工质量是否符合安装要求。

第六，准备涂层修补剂，以便用于修补安装施工过程中对涂层造成的损伤。涂层修补剂的颜色、性能应与表面涂层一致。

2.带副框的涂色镀锌钢板门窗安装

第一，按门窗图纸尺寸组装副框，用自攻螺钉将连接件固定在副框上。

第二，将副框装入洞口，用对拔木楔临时定位，调整定位的方法与普通钢门窗相同。

第三，将连接件与洞口两侧的预埋铁件焊接。预埋铁件的埋设位置，距门窗框四角应少于 180 mm，其间距应等距离分配。当门窗框尺寸小于 1 200 mm 时，每侧至少设 2 个预埋铁件；当门窗框尺寸为 1 500～1 800 mm 时，每侧至少设 3 个预埋铁件；当门窗尺寸大于 2 100 mm 时，每侧设置的预埋铁件不应少于 4 个。当墙内没有预埋铁件时，也可采用射钉或胀锚螺栓按上述预埋铁件的布置原则，将门窗副框连接件与洞口墙体连接。

第四，进行洞口抹灰。抹灰前应对基层进行常规处理，在湿润的基层上用 1∶3 水泥砂浆抹压平整。窗框副框底部抹灰时，要嵌入硬木条或玻璃条；副框两侧预留槽口，待抹灰凝结干燥后注入密封膏防水。

第五，门窗洞口抹灰后可进行室内外的其他饰面施工，待洞口处水泥砂浆完全凝结硬化之后，即将门窗成品用自攻螺钉与副框连接固定。安装推拉窗时，应调整好滑块。此时，可用建筑密封膏将洞口与副框、副框与外框、外框与门窗之间的所有安装缝进行填充密封。

第六，揭去门窗型材构件表面的保护膜层，擦净门窗框扇及玻璃。

3.不带副框的涂色镀锌钢板门窗安装

第一，按设计要求进行室内外及门窗洞口的饰面处理。洞口抹灰后的成型尺寸应略大于门窗外框尺寸，其间隙宽度为 3～5 mm，高度为 5～8 mm。

第二，在门窗洞口内根据固定点的配置原则确定固定点，按设计要求弹好安装控制线。

第三，根据固定点的位置用冲击电钻钻孔。

第四，将门窗放入洞口安装线位置，调整门窗的垂直度、水平度及对角线，合格后用木楔做临时固定。

第五，用胀锚螺栓将门窗框与洞口墙体连接固定。为了操作方便，在锚固安装时可暂将门窗扇卸下，待门窗框安装牢固后再装上门窗扇。

第六，用建筑密封膏将门窗框与墙体之间的所有缝隙加以封闭。

第七，揭去型材表面的保护膜层，擦净门窗框扇及玻璃。

此外，也可采用射钉安装不带副框的涂色镀锌钢板门窗（但在砖墙上严禁用射钉固定），用先安装外框后进行抹灰的做法，将门窗外框先用自攻螺钉固定好连接件，放入洞口内，并调整水平度、垂直度和对角线，以木楔做临时固定，然后用射钉将门窗外框连接件与洞口墙体连接。此后进行室内外其他装饰，待洞口的抹灰砂浆干燥后，即清理门窗构件装入内扇。

二、铝合金门窗安装

（一）铝合金门窗尺寸规格

1.规格

（1）单樘门窗尺寸规格

单樘门、窗的尺寸规格应按《建筑门窗洞口尺寸系列》（GB/T 5824—2021）规定的门、窗洞口的基本规格或辅助规格，根据门、窗洞口装饰面材料厚度、附框尺寸、安装缝隙确定。应优先设计采用基本门窗。

（2）组合门窗尺寸规格

由两樘或两樘以上的单樘门、窗采用拼樘框连接组合的门、窗，其宽、高构造尺寸应与《建筑门窗洞口尺寸系列》（GB/T 5824—2021）规定的洞口宽、高标志尺寸相协调。

2.门窗及装配尺寸

（1）玻璃镶嵌构造尺寸

玻璃镶嵌构造尺寸应符合相关行业规定的玻璃最小安装尺寸要求。

（2）隐框窗玻璃结构黏结装配尺寸

隐框窗扇梃与硅酮结构密封胶的黏结宽度、厚度，应考虑风载荷作用和玻璃自重作用，按照相关规定计算确定。每个窗扇下梃处应设置两个承受玻璃自重的铝合金托条，其厚度不小于 2 mm，长度不小于 50 mm。

（二）铝合金门窗安装材料要求

铝合金门窗的规格、型号应符合设计要求，五金配件应配套齐全，并具有出厂合格证、材质检验报告书并加盖厂家印章。

防腐材料、填缝材料、密封材料、防锈漆、水泥、砂、连接板等应符合设计要求和有关标准的规定。

进场前应对铝合金门窗进行验收检查，不合格者不准进场。运到现场的铝合金门窗应分型号、规格堆放整齐，并存放于仓库内。搬运时轻拿轻放，严禁扔、摔。

（三）铝合金门窗安装步骤

1.检查门窗洞口和预埋件

铝合金门窗的安装必须采用后塞口的方法，严禁边安装边砌口或是先安装后砌口。当设计有预埋铁件时，门窗安装前应复查预留洞口尺寸及预埋件的埋设位置，如与设计不符应予以纠正。门窗洞口的允许偏差：高度和宽度为 5 mm；对角线长度差为 5 mm；洞下口面水平标高为 5 mm；垂直度偏差不超过 1.5/1 000；洞口的中心线与建筑物基准轴线偏差不大于 5 mm。洞口预埋件的间距必须与门窗框上连接件的位置配套，门窗框上的连接件间距一般为 500 mm，但转角部位的连接件位置距转角边缘应为 100～200 mm。门窗洞口墙体厚度方向的预埋件中心线，如设计无规定，其位置距内墙面：38～60 系列为 100 mm；90～100 系列为 150 mm。

2.防腐处理

门窗框四周外表面的防腐处理设计有要求时，按设计要求处理；如设计无要求，可涂刷防腐涂料或粘贴薄膜进行保护，以免水泥砂浆直接与铝合金门窗表面接触，产生电化学反应，腐蚀铝合金门窗。

安装铝合金门窗时，如果采用连接铁件固定，则连接铁件、固定件等安装用金属零件最好采用不锈钢件，否则必须进行防腐处理。

3.放线

在洞口弹出门、窗位置线，门、窗可立于墙的中心线部位，也可将门、窗立于内侧。不过，将门、窗立于洞口中心线的做法用得较多，因为这样便于室内装饰收口处理。特别是有内窗台板时，这样处理更好。

对于门，除了上面提到的确定位置，还要特别注意室内地面的标高。地弹簧的表面，应该与室内地面饰面标高一致。

同一立面的门窗的水平及垂直方向应做到整齐一致。这样，应先检查预留洞口的偏差。对于尺寸偏差较大的部位，应及时报告有关单位，并采取妥善的处理措施。

4.门窗框就位与固定

对于面积较大的铝合金门窗框，应事先按设计要求进行预拼装。先安装通长的拼樘料，然后安装分段拼樘料，最后安装基本单元门窗框。门窗框横向及竖向组合应采取套插；如采用搭接应形成曲面组合，搭接量一般不少于 8 mm，以免因门窗冷热伸缩及建筑物变形而产生裂缝；框间拼接缝隙用密封胶条密封。组合门窗框拼樘料如需采取加强措施时，其加固型材应经防锈处理，连接部位应采用镀锌螺钉。

按照弹线位置将门窗框立于洞内，将正面及侧面垂直度、水平度和对角线调整合格后，用对拔木楔做临时固定。木楔应垫在边、横框能够受力的部位，以防铝合金框料由于被挤压而变形。

当门窗的设计要求为采用预埋铁件进行安装时，铝合金门窗框上预先加工的连接件为镀锌铁脚（或称镀锌锚固板、铆固头），可直接用电焊将其与洞口内预埋铁件焊接。进行焊接操作时，严禁在铝合金框上接地打火，并应用石棉布保护好窗框。另一种做法是在门窗洞口上事先预留槽口，安装时将门窗框上的镀锌铁脚插埋于槽口内，而后用 C25 级细石混凝土或 1∶2 水泥砂浆嵌堵密实。

当门窗洞口为混凝土墙体并未预埋铁件或未预留槽口时，其门窗框连接锚固板可用射钉枪射入 ф4～ф5 射钉进行紧固。

对于砖砌结构的门窗洞墙体，门窗框连接锚固板不宜采用射钉紧固做法，应使用冲击电钻钻入不小于 ф10 的深孔，用胀锚螺栓紧固连接件。

如果属于自由门的弹簧安装，应在地面预留洞口，在门扇与地弹簧安装尺寸调整准确后，要浇筑 C25 级细石混凝土固定。

铝合金门边框和中竖框，应埋入地面以下 20～50 mm；组合窗框间立柱的上、下端应各嵌入框顶和框底墙体（或梁）内 25 mm 以上；转角处的主要立柱嵌固长度应在

35 mm 以上。

当采用上述射钉、金属胀锚螺栓或是采用钢钉紧固铝合金门窗框连接件时，其紧固点位置距离（柱、梁）边缘不得小于 50 mm，且应注意错开墙体缝隙，以防紧固失效。

5.填缝

填缝所用的材料，原则上按设计要求选用。但不论使用何种填缝材料，其目的均是密闭和防水。根据现行规范要求，铝合金门窗框与洞口墙体应采用弹性连接，框周缝隙宽度宜在 20 mm 以上，缝隙内分层填入矿棉或玻璃棉毡条等软质材料。框边需留 5～8 mm 深的槽口，待洞口饰面完成并干燥后，清除槽口内的浮灰渣土，嵌填防水密封胶。

6.门窗扇与玻璃安装

铝合金门窗扇的安装，需在土建施工基本完成的条件下进行，以保护其免受损伤。框装扇必须保证框扇立面在同一平面内，就位准确，启闭灵活。平开窗的窗扇安装前，先固定窗铰，然后再将窗铰与窗扇固定。推拉门窗应在门窗扇拼装时于其下横底槽中装好滑轮，注意使滑轮框上有调节螺钉的一面向外，该面与下横端头边平齐。对于规格较大的铝合金门扇，当其单扇框宽度超过 900 mm 时，在门扇框下横料中需采取加固措施，通常的做法是穿入一条两端带螺纹的钢条。安装时应注意要在地弹簧连杆与下横安装完毕后再进行，也不得妨碍地弹簧座的对接。

玻璃安装时，如果玻璃单块尺寸较小，可用双手夹住就位，如一般平开窗，多用此办法；如果单块玻璃尺寸较大，为便于操作，往往用玻璃吸盘。

玻璃就位后，应及时用胶条固定。玻璃应该摆在凹槽的中间，内、外两侧的间隙应不少于 2 mm，否则会造成密封困难。但也不宜大于 5 mm，否则胶条起不到挤紧、固定的作用。

玻璃的下部不能直接坐落在金属面上，而应用氯丁橡胶垫块将玻璃垫起。玻璃的侧边及上部，都应脱开金属面一小段距离，避免玻璃胀缩产生形变。

7.安装五金配件

五金配件与门窗连接可使用镀锌螺钉。五金配件的安装应结实牢固，使用灵活。

8.清理

铝合金门、窗交工前，应将型材表面的塑料胶纸撕掉。如果发现塑料胶纸在型材表面留有胶痕，宜用香蕉水清理干净，玻璃应进行擦洗，对浮灰或其他杂物，应全部清理干净；待定位销孔与销对上后，再将定位销完全调出，并插入定位销孔中；最后用双头螺杆将门拉手固定在门扇边框两侧。

（四）铝合金门窗安装成品保护

铝合金门窗装入洞口临时固定后，应检查四周边框和中间框架是否已用规定的保护胶纸和塑料薄膜封贴包扎好，再进行门窗框与墙体之间缝隙的填嵌以及洞口墙体表面装饰施工，以防水泥砂浆、灰水、喷涂材料等污染损坏铝合金门窗表面。在室内外湿作业未完成前，不能破坏门窗表面的保护材料。

应采取措施防止焊接作业时，电焊火花损坏周围的铝合金门窗型材、玻璃等材料。

严禁在安装好的铝合金门窗上安放脚手架和悬挂重物。应保护好经常出入的门洞口处的门框，严禁施工人员踩踏、碰擦铝合金门窗。

交工前撕去保护胶纸时，要轻轻剥离，不得划破、剥花铝合金表面氧化膜。

三、金属门窗安装禁忌

（一）上下钢门窗不顺直，左右钢门窗标高不一致

1.危害性

由于钢门窗安装时没找规矩，上下钢门窗不顺直，左右钢门窗标高不一致，将直接影响外立面的美观。

2.防治措施

第一，从上到下找好垂直线，以控制门窗安装的位置。

第二，找出每层的窗台标高，拉通线找出门窗安装的标高。

第三，根据外饰面装饰材料的选用，找出外饰面层的基准线（可抹灰饼作为标志），

往里量出门窗安装的位置。

（二）铝合金门窗框与洞口墙体间的缝隙用水泥砂浆嵌填

1.危害性

一些施工单位将铝合金门窗框固定好后，在铝合金门窗框与洞口墙体间的缝隙用水泥砂浆嵌填，认为这样才能更好地锚固门窗框。其实这样做往往会导致门窗框变形、铝合金腐蚀、门窗框周围出现缝隙等，从而影响门窗的使用功能。

2.防治措施

第一，铝合金门窗框与洞口墙体之间应采用柔性连接。其间隙可用矿棉条或玻璃棉毡条分层填塞，缝隙表面留 5～8 mm 深的槽口，用密封材料嵌填、封严。

第二，在施工过程中不得损坏铝合金门窗上的保护膜，如表面沾了水泥砂浆，应随时擦净。

第三节　门窗玻璃安装工程

一、门窗玻璃材料要求

第一，建筑装饰工程中使用的玻璃主要有平板玻璃、压花玻璃、钢化玻璃、夹层玻璃、夹丝玻璃等。安装玻璃时，监理员主要检查选用的玻璃是否符合设计要求，抽查玻璃出厂合格证、综合性能检测指标、厚度、颜色等。

第二，油灰是一种油性腻子。安装玻璃用的油灰，可以采购，也可以自制。

第三，其他材料。橡皮条：由相关商家供应，可按设计要求的品种、规格进行选用。木压条：由工地加工而成，按设计要求自行制作。小圆钉：由相关商家供应，可以选购。胶黏剂：胶黏剂用来黏结中空玻璃，常用的有环氧树脂加 701 固化剂和稀释剂配成的环氧胶黏剂。

二、门窗玻璃安装

（一）木门窗玻璃安装

1.检验、分配玻璃

按建筑物设计所需要的玻璃品种、规格、质量要求及数量进行检验，确认合格后，根据具体尺寸进行裁割，然后按当天所需要的数量进行分配。分配到各安装地点的玻璃，不准堆放在靠近门窗开闭摆动的范围之内和其他不安全的地方，以免损坏玻璃。

2.清理玻璃槽口

安装玻璃之前，要认真将门窗玻璃槽口（门窗玻璃裁口）清理干净，以保证油灰与槽口能够黏结牢固。

3.涂底油灰

在门窗框裁口与玻璃底面之间，沿门窗框裁口均匀、连续地涂抹一层底油灰，涂抹厚度为1～3 mm。然后用双手将玻璃就位槽口推铺平整，轻压玻璃，使部分底油灰挤出槽口。待油灰初凝后有了一定的强度时，顺槽口的方向，将挤出的底油灰刮平，并清除多余的灰渣。

4.固定玻璃

木门窗的玻璃一般用 1/2～1/3 的小圆钉固定。钉固时，要沿玻璃四周下钉，注意不要让钉身靠近玻璃。所用钉子的数量每边不准少于 1 个，若玻璃的边长超过 400 mm 时，每边的钉子不准少于 2 个，且钉距不宜超过 200 mm。钉完毕，用手轻敲玻璃，听一下底灰涂抹得是否饱满。若声响不正，应取下玻璃，重新涂抹底灰后再固定玻璃。

5.抹表面油灰（刮腻子）

表面油灰要软硬适宜，不含有其他杂质和硬颗粒物。涂抹一层后，用油灰刀紧靠槽边，从一角开始向另一个方向刮出斜坡形，然后再向反方向压刮，直到表面光滑。

（二）铝合金门窗玻璃安装

应根据窗、门扇（固定扇则为框）的尺寸来计算玻璃下料尺寸，并以此为裁划玻璃的依据。一般要求玻璃侧面及上、下部应与铝材面留出一定的尺寸间隙，以确保玻璃胀缩变形的需要。当单块玻璃尺寸较小时，可直接用双手夹住入位；当单块玻璃尺寸较大时，就需用玻璃吸盘便于玻璃入位安装。玻璃压条可采用45° 或90° 接口，安装压条时不得划花接口位，安装后应平整、牢固，贴合紧密，其转角部位拼接处间隙应不大于0.5 mm，不得在一边使用两根或两根以上的玻璃压条。安装镀膜玻璃时，镀膜面应朝向室内侧；安装中空镀膜玻璃时，镀膜玻璃应安装在室外侧，镀膜面应朝向室内侧，中空玻璃内应保持清洁、干燥、密封。

玻璃入位后，应及时用胶条固定。玻璃密封固定的方法有三种：一是用橡胶条压入玻璃凹槽间隙内，两侧挤紧，表面不用注胶；二是用橡胶条嵌入凹槽间隙内挤紧玻璃，然后在胶条上表面注上硅酮密封胶；三是用10 mm长的橡胶块将玻璃两侧挤住定位，然后在凹槽中注入硅酮密封胶。

玻璃应放在凹槽的中间，内、外两侧的间隙应控制在2～5 mm之间。间隙过小，会造成密封困难；间隙过大，会使胶条起不到挤紧、固定玻璃的作用。玻璃的下部应用3～5 mm厚的氯丁橡胶垫块将玻璃垫起，而不能直接坐落在铝材表面上。

玻璃密封条安装后应平直，无皱曲、起鼓现象，接口严密、平整并经硫化处理；玻璃采用密封胶安装时，胶缝应平滑、整齐，无空隙和断口，注胶宽度不小于5 mm，最小厚度不小于3 mm。

（三）塑料门窗玻璃安装

第一，去除附着在玻璃、塑料表面的尘土、油污等污染物及水膜，并将玻璃槽口内的灰浆渣、异物清除干净，畅通排水孔。

第二，玻璃就位，将裁割好的玻璃在塑料框、扇就位，玻璃要摆在凹槽的中间，内外两侧的间隙不少于2 mm，也不得大于5 mm。

第三，用橡胶压条固定。先将橡胶压条嵌入玻璃两侧密封，然后将玻璃挤紧，橡胶压条规格要与凹槽的实际尺寸相符，所嵌的压条要和玻璃、玻璃槽口紧贴，安装不能偏位，不能强行填入压条，防止玻璃因较大的安装压力而严重翘曲。

第四，检查橡胶压条设置的位置是否合适，防止出现排水道受阻、泄水孔堵塞现象。

三、门窗玻璃安装成品保护

①已安装好的门窗玻璃，必须由专人负责看管维护，按时开关门窗。

②门窗玻璃安装完，应随手挂好风钩或插上插销，以防刮风损坏玻璃。

③对面积较大、造价昂贵的玻璃，宜在该项工程交工验收前安装，若提前安装，应采取保护措施，以防损伤玻璃。

④安装玻璃时，操作人员要加强对窗台及门窗口抹灰等项目的成品保护。

⑤当焊接、切割、喷砂等作业可能损伤玻璃时，应采取措施予以保护，严禁焊接等火花溅到玻璃上。

⑥玻璃安装完后，应对玻璃与框、扇进行清洁工作。严禁用酸性洗涤剂或含研磨粉的去污粉清洗热反射玻璃的镀膜面层。

四、门窗玻璃安装禁忌

（一）玻璃胶条龟裂、短缺、脱落

1.危害性

铝合金门窗使用一段时间后，有的玻璃胶条开始出现龟裂，用手轻轻一弯就会折断，完全失去了弹性。有的窗扇上四周的玻璃胶条部分脱落或端部短缺，导致透风、漏雨，甚至出现玻璃颤动，影响玻璃的正常使用。

2.防治措施

第一，铝合金门、窗使用的玻璃胶条要选用弹性好、耐老化的优质玻璃胶条。

第二，玻璃胶条下料时要留出 2%的余量，作为胶条收缩的储备。

第三，方形、矩形门窗玻璃扇用的胶条，要在四角处按 45° 切断、对接。

第四，安装玻璃胶条前，在玻璃槽四角端部 20 mm 范围内均匀注入玻璃胶。如玻璃胶条长度大于 500 mm，则每隔 500 mm 再增加一个注胶点，然后再将玻璃胶条嵌入槽内。

（二）玻璃不干净或有裂纹

1.危害性

玻璃表面有灰尘、腻子手印、油漆滴点等，直接影响玻璃的透明度和美观，或玻璃有小裂纹，受震后容易破裂损坏。

2.防治措施

第一，选择较好的玻璃材料，不使用有气泡、水印、波浪和裂纹的玻璃。玻璃的尺寸应符合施工规范，不得过大或过小。

第二，玻璃安装时，槽口应清理干净，垫底腻子要铺均匀，将玻璃安装平整后用手压实，钉帽紧贴玻璃并垂直钉牢。

第三，玻璃安装后，应用软潮干布或棉丝将玻璃表面擦拭干净，以使其保持透明、光亮。

第四，若玻璃表面有污物，应及时擦除。但有裂纹的玻璃，必须拆掉更换。

第八章　楼地面、室内隔墙隔断与吊顶工程施工工艺

第一节　楼地面工程

一、楼地面工程的使用要求

楼地面是房屋建筑底层地坪与楼层地坪的总称，它必须满足使用要求，同时满足一定的装饰要求。

建筑物的楼地面所应满足的基本使用要求是具有必要的强度，耐磨、耐磕碰，以及表面平整光洁、便于清扫等。首层地坪必须具有一定的防潮性能，楼面必须有一定的防渗漏能力。对于标准比较高的建筑，还必须考虑以下各方面的使用要求。

（一）隔音要求

这一使用要求包括隔绝空气音和隔绝撞击音两个方面。空气音的隔绝主要与楼地面的质量有关；对撞击音的隔绝，效果较好的是弹性地面。

（二）吸音要求

这一要求对控制室内噪声具有积极意义。一般硬质楼地面的吸声效果较差，而各种软质楼地面有较强的吸音功能，如化纤地毯的平均吸声系数可以达到0.55。

（三）保温性能要求

从材料特性的角度考虑，水磨石地面和大理石地面等都属于热传导性较好的材料，而木地板和塑料地面等则属于热传导性较差的地面。

从人的感受角度加以考虑，需注意人会以对某种地面材料的导热性能的认识来评价整个建筑空间的保温特性。

（四）弹性要求

弹性材料具有吸收冲击能力的性能，冲力很大的物体接触到弹性物体，其所受到的反冲力比原先要小得多。因此，人在具有一定弹性的地面上行走，感觉会比较舒适。对于一些装修标准较高的建筑室内地面，应尽可能采用有一定弹性的材料作为地面的装修面层。

（五）楼地面装饰的一般要求

①楼面与地面各层所用的材料和制品，其种类、规格、配合比、强度等级、各层厚度、连接方式等，均应根据设计要求选用，并应当符合国家和行业的有关标准及地面、楼面施工验收规范的规定。

②位于沟槽、暗管上面的地面与楼面工程的装饰，应当在以上工程完工经检查合格后方可进行。

③铺设各层地面与楼面时，应在其下面一层检查符合有关规定后，方可继续施工，并应做好隐蔽工程验收记录。

④铺设的楼地面的各类面层，一般宜在其他室内装饰工程基本完工后进行。当铺设木地板、拼花木地板和涂料类面层时，必须待基层干燥后进行，尽量避免在气候潮湿的情况下施工。

⑤踢脚板宜在楼地面的面层基本完工、墙面最后一遍抹灰前完成。木质踢脚板，应在木地面与楼面刨（磨）光后进行安装。

⑥当采用混凝土、水泥砂浆和水磨石面层时，同一房间要均匀分格或按设计要求进行分缝。

⑦在钢筋混凝土板上铺设有坡度的地面与楼面时，应用垫层或找平层找坡。

⑧铺设沥青混凝土面层及用沥青玛蹄脂做结合层铺设块料面层时，应将下一层表面清扫干净，并涂刷同类冷底子油。结合层、块料面层填缝和防水层，应采用同类沥青、纤维和填充材料配制。纤维、填充料一般采用6级石棉和锯木屑。

⑨凡用水泥砂浆做结合层铺砌地面时，均应在常温下养护，一般不得少于10 d。菱苦土面层的抗压强度应不小于设计强度的70%，水泥砂浆和混凝土面层强度应不低于5.0 MPa。当板块面层的水泥砂浆结合层的强度达到1.2 MPa时，方可在其上面行走或进行其他轻微作业。达到设计强度后，才可投入使用。

⑩用胶黏剂粘贴各种地板时，室内的施工温度不得低于10℃。

二、石材、瓷砖面层的铺设

（一）天然大理石与花岗石地面铺贴施工

1.施工准备工作

为避免产生二次污染，大理石、花岗石板材楼地面施工一般是在顶棚、墙面饰面完成后进行，先铺设楼地面，后安装踢脚板。施工前要清理现场，检查施工部位有没有水、电、暖等工种的预埋件，是否会影响板块的铺贴，还要检查板块材料的规格、尺寸和外观要求，凡有翘曲、歪斜、厚薄偏差过大以及裂缝、掉角等缺陷的板块材料应予以剔除。同一楼地面工程应采用同一厂家、同一批号的产品，不同品种的板块材料不得混杂使用。

（1）基层处理

板块地面铺贴之前，应先挂线检查楼地面垫层的平整度，然后清扫基层并用水冲刷干净。如果是光滑的钢筋混凝土楼面，应凿毛，凿毛深度一般为5～10 mm，间距为30 mm左右。基层表面应提前1 d浇水湿润。

（2）找规矩

根据设计要求，确定平面标高位置。对于结合层的厚度，水泥砂浆结合层应控制在10～15 mm，沥青玛蹄脂结合层应控制在2～5 mm。平面标高确定之后，在相应的立面墙上弹线。

（3）初步试拼

根据标准线确定铺贴顺序和标准块的位置。在选定的位置上，按图案、色泽和纹理试拼每个房间的板块。试拼后，按两边方向编号排列，然后按编号码放整齐。

（4）铺前试排

在房间的两个垂直方向，按标准线铺两条干砂带，其宽度大于板块。根据设计图要求把板块排好，以便检查板块之间的缝隙。平板之间的缝隙若无设计规定，大理石与花岗石板材一般不大于 1 mm。根据试排结果，在房间主要部位弹上互相垂直的控制线，并引到墙面的底部，用以检查和控制板块的位置。

2.铺贴施工工艺

（1）板块浸水预湿

为保证板块的铺贴质量，板块在铺贴之前应先浸水湿润，晾干后擦去背面的浮灰方可使用。这样可以保证面层与板材黏结牢固，防止出现空鼓和起壳等问题，影响工程质量。

（2）铺砂浆结合层

水泥砂浆结合层也是基层的找平层，关系到铺贴工程的质量，应严格控制其稠度，既要保证黏结牢固，又要保证平整度。结合层一般应采用干硬性水泥砂浆，因这种砂浆含水量少、强度较高、变形较小、成型较早，在硬化过程中很少收缩。干硬性水泥砂浆的配合比常用 1∶1～1∶3（即水泥∶砂的体积比），水泥的强度等级不低于 32.5 MPa。铺抹时砂浆的稠度值以 20～40 mm 为宜，或以手捏成团颠后即散为宜。摊铺水泥砂浆结合层前，还应在基层上刷一遍水灰比为 0.4～0.5 的水泥浆，随刷随摊铺水泥砂浆结合层。待板块试铺合格后，还应在干硬性水泥砂浆上再薄薄浇上一层水泥浆，以保证上下层之间结合牢固。

（3）进行正式铺贴

石材楼地面的铺贴，一般由房间中部向两侧退步进行。凡有柱子的大厅宜先铺柱子与柱子的中间部分，然后向两边展开。砂浆铺设后，将板块安放在铺设位置上，对好纵横缝，用橡皮锤轻轻敲击板块，使砂浆振实、振平，达到铺贴标高后，将板块移至一旁，再认真检查砂浆结合层是否平整、密实，如有不实之处应及时补抹，最后浇上很薄的一层水灰比为0.4～0.5的水泥浆，正式将板块铺贴上去，再用橡皮锤轻轻敲击至平整。

（4）对缝及镶条

在安放板块时，要将板块四角同时平稳下落，对缝轻敲振实后用水平尺进行找平。对缝要根据拉出的对缝控制线进行，注意板块尺寸偏差必须控制在1 mm以内，否则后面的对缝越来越难。在锤击板块时，不要敲击边角，也不要敲击已铺贴完毕的板块，以免产生空鼓的质量问题。

对于要求镶嵌铜条的地面，板块的尺寸要求更精确。在镶嵌铜条前，先将相邻的两块板铺贴平整，其拼接间隙略小于镶条的厚度，然后在缝隙内灌满水泥砂浆，再将表面抹平，而后将镶条嵌入，使外露部分略高于板面（以手摸水平面稍有凸出感为宜）。

（5）水泥浆灌缝

对于不设置镶条的大理石与花岗石地面，应在铺贴完毕24 h后洒水养护，一般2 d后无板块裂缝及空鼓现象，方可进行灌缝。素水泥灌缝的高度应为板缝高度的2/3，溢出的水泥浆应在凝结之前清除干净，再用与板面颜色相同的水泥浆擦缝，待缝内水泥浆凝结后，将面层清理干净，并对铺贴好的地面采取保护措施，一般在3 d内禁止上人及进行其他作业。

（二）碎拼大理石地面铺贴施工

1.碎拼大理石地面的特点

碎拼大理石地面也称冰裂纹地面，是采用不规则的并经挑选的碎块大理石铺贴在水泥砂浆结合层上，并用水泥砂浆或水泥石粒浆填补块料间隙，最后进行磨平抛光而成。

碎拼大理石地面在高级装饰工程中，利用色泽鲜艳、品种繁多的大理石碎块，无规则地拼镶在一起，由于花色不同、形状各异、造型多变，给人一种乱中有序、清新自然的感觉。

2.碎拼大理石的基层处理

碎拼大理石的基层处理比较简单，先将基层进行湿润，再在基层上抹1∶3的水泥砂浆找平层，厚度宜为20～30 mm。

3.碎拼大理石的施工工艺

①在找平层上刷一遍素水泥浆，用1∶2的水泥砂浆镶贴大理石块标筋，间距一般为1.5 m，然后铺贴碎大理石块，用橡皮锤轻轻敲击大理石面，使其与水泥砂浆黏结牢固，并与标筋面平齐，随时用靠尺检查表面平整度。

②在铺贴施工中要留足碎块大理石间的缝隙，并将缝内挤出的水泥砂浆及时剔除。

③碎块大理石之间的缝隙，如无设计要求，又为碎块状材料时，一般控制不太严格，可大可小，互相搭配成各种图案。

④如果缝隙间灌注石碴浆，应将大理石缝间的积水、浮灰消除后，刷一遍素水泥浆，缝隙可用同色水泥浆嵌抹做成平缝，也可嵌入彩色水泥石碴浆，嵌抹厚度应凸出大理石面2 mm，抹平后撒一层石碴，用钢抹子拍平压实，次日养护。

⑤碎拼大理石面层的磨光一般分为四遍完成，即分别采用 80～100 号金刚砂、100～160 号金刚砂、240～280 号金刚砂和 750 号以上金刚砂进行研磨。待研磨完毕后，将其表面清理干净，便可进行上蜡抛光处理。

（三）踢脚板的镶贴施工

大理石和花岗石的踢脚板，是楼地面与墙面连接的装饰部位，对于工程的整体装饰效果起着重要的作用。踢脚板的高度一般为100～150 mm，厚度为15～20 mm，一般可采用胶粘法和灌浆法施工。

1.施工准备工作

在正式镶贴踢脚板前，应认真清理墙面，提前浇水湿润，按需要将阳角处踢脚板一端锯切成45°角。镶贴时从阳角处开始向两侧试贴，并检查是否平直，缝隙是否严密，符合要求后才能实贴。无论采用何种方法铺贴，均应在墙面两端先各镶贴一块踢脚板，作为其他踢脚板铺贴的标准，然后在上面拉通线以控制上沿平直和平整度。

2.镶贴施工工艺

（1）粘贴法

粘贴法是用配合比为1∶2～1∶2.5（体积比）的水泥砂浆打底，并用木抹子将表面搓成毛面。待底层砂浆干硬后，将已润湿的踢脚板抹上2～3 mm厚的素水泥浆进行粘贴，并用橡皮锤敲实，注意随时用水平靠尺找直，10 h 后用同色水泥浆擦缝。

（2）灌浆法

灌浆法是将踢脚板先固定在安装位置上，用石膏将相邻两块踢脚板、踢脚板与地面之间稳牢，然后用稠度值为 100～150 mm 的 1∶2 的水泥浆灌缝，并随时把溢出的水泥砂浆擦除。待灌入的水泥砂浆终凝后，把之前的石膏铲掉，用与板面同色水泥浆擦缝。

（四）瓷砖与地砖地面铺贴施工

1.施工准备工作

（1）基层处理

在正式铺贴瓷砖与地砖前，应将基层表面上的砂浆、油污、垃圾等清除干净，对表面比较光滑的楼面应进行凿毛处理，以便使砂浆与楼面黏结牢固。

（2）材料准备

主要是检查材料的规格尺寸、缺陷和颜色。对于尺寸偏差过大、表面残缺的材料应剔除，且不能混用表面色泽对比过大的材料。

2.铺贴施工工艺

（1）瓷砖及墙地砖浸水

为避免瓷砖及墙地砖从水泥砂浆中过快吸水而影响黏结强度，在铺贴前应在清水中充分浸泡瓷砖及墙地砖，一般浸泡 2～3 h，然后将其晾干备用。

（2）铺抹结合层的砂浆

基层处理完毕后，在铺抹结合层水泥砂浆前，应提前 1 d 浇水湿润，然后再做结合层，一般做法是摊铺一层厚度不大于 10 mm 的 1∶3.5 的水泥砂浆。

（3）对砖进行弹线定位

根据设计要求的地面标高线和平面位置线，在墙面标高点上拉出地面标高线及垂直交叉定位线。

（4）设置标准高度面

根据墙面标高线以及垂直交叉定位线铺贴瓷砖或地砖。铺贴时用 1∶2 的水泥砂浆摊抹在瓷砖、地砖的背面，再将瓷砖、地砖铺贴在地面上，用橡皮锤轻轻敲实，并且标高与地面标高线吻合。一般每贴 8 块砖用水平尺检校一次，发现质量问题及时纠正。铺贴的程序：对于小房间来说，一般做成“T”形标准高度面；对于较大面积的房间，通常按房间中心做十字形标准高度面，以便扩大施工面；需要多人同时施工，或有地漏和排水孔的部位时，应做放射状标筋，其坡度一般为 0.5%～1.0%。

（5）进行大面积铺贴

在大面积铺贴时，应以铺好的标准高度面为基准进行，紧靠标准高度面向外逐渐延伸，并用拉出的对缝控制线使对缝平直。铺贴时，水泥砂浆应抹于瓷砖、地砖的背面，放入铺贴位置后用橡皮锤轻轻敲实。要边铺贴边用水平尺检校。整幅地面铺贴完毕后，养护 2 d 再进行抹缝施工。抹缝时，将白水泥调成干性团在缝隙上擦抹，使缝内填满白水泥，最后将施工面擦洗干净。

（五）陶瓷锦砖地面铺贴施工

1.施工准备工作

（1）基层处理

陶瓷锦砖地面基层处理程序与瓷砖、地砖相同。

（2）材料准备

对所用陶瓷锦砖进行检查，校对其规格、颜色，对掉块的锦砖用胶水补贴，将选用的锦砖按房间位置分别存放，铺贴前应在其背面刷水湿润。

（3）铺抹水泥砂浆找平层

陶瓷锦砖地面铺抹水泥砂浆找平层，是对不平基层处理的关键工序，一般先在干净、湿湿的基层上刷上一层水灰比为 1∶0.5 的素水泥砂浆。然后及时铺抹 1∶3 干硬性水泥砂浆，大杠刮平，木抹子搓毛。找平层厚度根据设计地面标高确定，一般为 25～30 mm。有泛水要求的房间应事先找出泛水坡度。

（4）弹线分格

陶瓷锦砖地面找平层砂浆养护 2～3 d 后，根据设计要求和陶瓷锦砖规格尺寸，在找平层上用墨线弹线。

2.陶瓷锦砖铺贴

（1）陶瓷锦砖楼地面构造

陶瓷锦砖楼地面构造与陶瓷锦砖室外地面构造基本相同。

（2）铺贴施工

①铺贴前首先湿润找平层砂浆，刮一遍水泥浆，随即抹 3～4 mm 厚的 1∶1.5 的水泥砂浆，随刮随抹随铺陶瓷锦砖。

②按弹线对位后铺上，用木拍板拍实，使锦砖黏结牢固，并且与其他锦砖平齐。

③揭纸拨缝。铺砖铺完后 20～30 min，即可用水喷湿面纸，面纸湿透后，手扯纸边把面纸揭去，不可提拉以防锦砖松脱。洒水应适量，过多则易使锦砖浮起，过少则不易揭起面纸。揭纸后，用开刀将缝隙调匀，不平部分再行揩平、拍实，用 1∶1 水泥细砂灌缝，适当淋水后，再次调缝、拍实。

④擦缝。用白水泥素浆嵌缝擦实，同时将表面灰痕用锯末或棉纱擦干净。

⑤养护。在陶瓷锦砖地面铺贴 24 h 后，用铺锯木屑等养护，3～4 d 后方可上人。

三、木材面层的铺设

木地板面层是指采用木板铺设，再用地板漆饰面的木板地面，具有质量轻、弹性好、热导率低、易于加工、脚感舒适等优点，但也有容易随环境中的温度与湿度变化而变化，易表生裂缝、翘曲变形等缺点，易燃是其最大缺陷。

木地板面层一般可分为普通木地板、硬木地板和复合木地板三大类。普通木地板一般是指用松木、杉木等木材制成的板材，其质地较软、易于加工，不易开裂和变形。硬木地板一般是指用水曲柳、柞木、柚木、榆木、核桃木等木材制成的板材，其质地坚硬、耐磨，不易加工，易开裂和变形，施工要求高。复合木地板又称层压木地板，是用原木经粉碎、添加胶黏剂、防腐处理、高温高压制成的中密度板材，表面刷涂高级涂料，再经过切割、刨槽刻棒等工序加工制成的。复合木地板规格比较统一，安装极为方便，是目前国内应用较为广泛的地板装饰材料。目前，在市场上销售的复合木地板无论是国产产品还是进口产品，其规格都是统一的，宽度为 120 mm、150 mm 和 195 mm；长度为 1 500 mm 和 2 000 mm；厚度为 6 mm、8 mm 和 14 mm。用的胶黏剂有白乳胶、强力胶、立时得等。

复合木地板一般可分为三类：①以中密度板为基材，表面贴天然薄木片（如红木、橡木、桦木、水曲柳等），并在其表面涂结晶三氧化二铝耐磨涂料。②以中密度板为基材，底部贴硬质聚氯乙烯薄板作为防水层，以增强防水性能，在表面涂结晶三氧化二铝耐磨涂料。③表面为胶合板，中间设塑料保温材料或木屑，底层为硬质聚氯乙烯塑料板，经高压加工制成地板材料，表面涂耐磨涂料。上述三种板材按标准规格尺寸裁切，经刨槽、刻榫后制成地板块，每10块为一捆，包装出厂销售。

（一）木地面的种类

木地面按铺装方法可分为空铺式木地板、实铺式木地板和实铺式复合木地板。

1.空铺式木地板

空铺式木地板一般用于底层，其龙骨两端搁在基础墙挑台上，龙骨下放通长的压沿木。当木龙骨跨度较大时，应在跨中设地垄墙或砖墩。木龙骨上铺设双层木地板或单层木地板。为解决木地板的通风问题，应在地垄墙和外墙上设通风洞。

2.实铺式木地板

实铺式木地板是直接在实体基层上铺设的地板，分为有龙骨式与无龙骨式两种。有龙骨式实铺木地板将木龙骨直接放在结构层上，由预埋铁件固定在基层上。在底层地面，为了防潮，需在结构层上涂刷冷底子油和热沥青各一道。无龙骨式实铺木地板采用粘贴式做法，将木地板直接粘贴在结构层的找平层上。

3.实铺式复合木地板

在结构找平层上先铺上一层泡沫塑料，上铺复合木地板，采用企口缝，用白乳胶或配套胶进行拼接，板底面不铺胶。

（二）实铺式木地板施工工艺

有龙骨式实铺木地板的施工流程为：基层处理→弹线、找平→修理预埋铁件→安装木龙骨、剪刀撑→弹线、钉毛地板→找平、刨平→墨斗弹线、钉硬木面板→找平、刨平→弹线、钉踢脚板→刨光、打磨→刷油漆、上软蜡。

无龙骨式实铺木地板的施工流程为：基层处理→弹线、试铺→铺贴→面层刨光、打磨→安装踢脚板→刮腻子→刷油漆、上软蜡。

下面重点介绍其中的几个施工环节。

1.实铺木地板龙骨安装

按弹线位置，用双股 12 号镀锌铁丝将龙骨绑扎在“几”形预埋铁件上，垫木应做防腐处理，宽度不小于 50 mm，长度为 70～100 mm。龙骨调平后用铁钉与垫木钉牢。

龙骨铺钉完毕，检查水平度合格后，钉卡横挡木或剪刀撑，中距一般为 600 mm。

2.弹线、钉毛地板

①在龙骨顶面弹毛地板铺钉线，铺钉线与龙骨成 30°～45°角。

②铺钉时，使毛地板留缝约 3 mm。接头设在龙骨上并留 2～3 mm 缝隙，接头应错开。

③铺钉完毕，弹方格网线，按网点抄平，并用刨子修平，达到标准后，方能钉硬木地板。

3.铺面层板

拼花木地板的拼花形式有席纹、人字纹、方格和阶梯式等。

铺钉前，在毛地板上弹出花纹施工线和圈边线。

铺钉时，先拼缝铺钉标准条，铺出几个方块作为标准。再向四周按顺序拼缝铺钉。每块地板钉 2 颗钉子。钉孔预先钻好。每钉一个方块，应找方一次。中间钉好后，最后圈边。末尾不能拼接的地板应加胶钉牢。

粘贴式铺设地板，拼缝可为裁口接缝或平头接缝，平头接缝施工简单，更适合沥青胶和胶黏剂铺贴。

4.面层刨光、打磨

木地板宜采用刨光机刨光（转速在 5 000 r/min 以上），与木纹成 45°角斜刨。边角部分用手刨。刨平后用细刨净面，最后用磨地板机装砂布打磨面层。

5.刷油漆

将地板清理干净，然后补凹坑，刮批腻子、着色，最后刷清漆。木地板用清漆，有高档、中档、低档三类。高档地板漆一般为日本水晶油和聚酯清漆，其漆膜强韧、光泽丰富、附着力强、耐水、耐化学腐蚀，不需上蜡。中档清漆一般为聚氨酯，低档清漆一般为醇酸清漆、醇醛清漆等。

6.上软蜡

当木地板为清漆罩面时，可上软蜡进行装饰。软蜡一般有成品供应，只需要用煤油调制成糨糊状后便可使用。小面积的木地板一般采用人工涂抹，大面积的木地板可采用抛光机上蜡抛光。

（三）实铺式复合木地板施工工艺

复合木地板铺贴方法和普通企口缝木地板铺贴方法基本相同，只是其精度更高一些。复合木地板的施工流程为：基层处理→弹线、找平→铺设垫层→试铺预排→铺木地板→铺踢脚板→清洗表面。下面重点介绍其中的几个施工环节。

1.基层处理

复合木地板的基层处理与前面相同，要求平整度 3 m 内误差不得大于 2 mm，基层应当干燥。铺贴复合木地板的基层一般有：楼面钢筋混凝土基层、水泥砂浆基层、木地板基层等，不符合要求的基层要进行修补。木地板基层要求毛板下木龙骨间距要密一些，一般情况下不得大于 300 mm。

2.铺设垫层

复合木地板的垫层为聚乙烯泡沫塑料薄膜，铺时需按房间长度净尺寸加 100 mm 裁切，横向搭接 150 mm。垫层可起隔潮作用，增加地板的弹性并增加地板的稳定性，减少人在上面行走时产生的噪声。

3.试铺预排

在正式铺贴复合木地板前，应进行试铺预排。板的长缝应顺入射光方向沿墙铺放，槽口对墙，从左至右，两板端头企口插接，直到第一排最后一块板，切下的部分若大于 300 mm，可以作为第二排的第一块板铺放，第一排最后一块板的长度不应小于 500 mm，否则可将第一排第一块板切去一部分，以保证长度要求。木地板与墙应留 8～10 mm 的缝隙，用木楔进行调直，暂不涂胶。拼铺三排进行修整，检查平整度，符合要求后，安排编号拆下放好。

4.铺木地板

按照预排板块的顺序，对缝涂胶拼接，用木槌敲击挤紧。复验平直度，横向用紧固卡带将三排地板卡紧，每 1 500 mm 左右设一道卡带，卡带两端有挂钩，卡带可调节长短和松紧度。从第四排起，每拼铺一排卡带移位一次，直至最后一排。每排最后一块地板端部与墙仍留 8～10 mm 缝隙。在门的洞口，地板铺至洞口外墙皮与走廊地板平接。如果为不同材料时，应留出 5 mm 缝隙，用卡口盖缝条盖缝。

5.清扫擦洗

每铺贴完一个房间并待胶干燥后，应对地板表面进行认真清理，如扫净杂物、清除胶痕，并用湿布擦净。

第二节　室内隔墙工程

在室内装饰装修施工中，为了更好地对建筑物室内空间进行划分，既满足功能要求，又满足现代人们的生活和审美的需求，人们常采用各种玻璃或罩面板与龙骨骨架组成隔墙或隔断。这些结构虽然不能承重，但由于其墙身薄、自重小，可以提高平面利用系数，且拆装非常方便，还具有隔音、防潮、防火等功能，故而在室内装修中经常被采用。

隔墙与隔断的种类非常多。隔墙根据其构造方式不同，可分为砌块式、立筋式和板材式。隔断根据其外部形式不同，可分为空透式、移动式、屏风式、帷幕式和家具式。

用各种玻璃或轻质罩面板拼装制成的隔墙与隔断，为使得墙体的功能完善和外形比较美观，必须有与其配套的骨架材料、嵌缝材料、接缝材料、吸音材料和隔音材料，并按照一定的构造要求和施工工艺施工。

下面主要介绍最常见的隔墙工程，如轻钢龙骨隔墙、铝合金龙骨玻璃隔墙、木龙骨板材隔墙等工程。

一、轻钢龙骨石膏板隔墙施工

（一）轻钢龙骨及其分类

轻钢龙骨，是以厚度为 0.5～1.5 mm 的镀锌钢带、薄壁冷轧退火卷带或彩色喷塑钢带为原料，经龙骨机滚压制成的轻质隔墙骨架支承材料。薄壁轻钢龙骨与玻璃或轻质板材组合，即可组成隔断墙体。

轻钢龙骨的分类方法很多，按其截面形状的不同，可以分为C形和U形两种；按其使用功能不同，可分为横龙骨、竖龙骨、通贯龙骨和加强龙骨四种；按其规格尺寸不同，主要可分为Q50（也称50系列）、Q75（也称75系列）、Q100（也称100系列）和Q150（也称150系列）。当采用纸面石膏板等板材作为轻钢龙骨隔墙罩面板时，还需有配套的龙骨附件。

横龙骨的截面呈U形，在墙体轻钢骨架中主要用于沿顶、沿地龙骨，多与建筑的楼板底及地面结构相连接，相当于龙骨框架的上下轨槽，与C形竖龙骨配合使用。其钢板的厚度一般为0.63 mm，单位质量0.63～1.12 kg/m。

竖龙骨的截面呈C形，用作墙体骨架垂直方向的支承，其两端分别与沿顶、沿地横龙骨连接。其钢板的厚度一般为0.63 mm，单位质量0.81～1.30 kg/m。

加强龙骨又称盒子龙骨，其截面呈不对称C形，可单独作为竖龙骨使用，也可两件相扣组合使用，以增加其刚度。其钢板厚度一般为0.63 mm，单位质量0.62～0.87 kg/m。

（二）轻钢龙骨隔墙的一般构造

轻钢龙骨一般用于现场装配纸面石膏板隔墙，也可用于水泥刨花板隔墙、稻草板隔墙、纤维板隔墙等。不同类型、不同规格的轻钢龙骨，可以组成不同的隔墙骨架构造。一般是用沿地、沿顶龙骨与沿墙、沿柱龙骨（用竖龙骨）构成隔墙边框，中间立若干竖向龙骨。有些类型的轻钢龙骨，还要加通贯龙骨、横撑龙骨；竖向龙骨间距根据石膏板宽度而定，一般在石膏板板边、板中各放置一根，间距不大于600 mm；当墙面装修层质量较大，如贴瓷砖，龙骨间距以不大于420 mm为宜；当隔墙增高，龙骨间距亦应适当缩小。

轻质隔墙的限制高度，要根据轻钢龙骨的断面、刚度和龙骨间距、墙体厚度、石膏板层数等方面的因素而定。隔断墙骨架构造由不同龙骨类型或体系根据隔墙要求分别确定。

沿地龙骨、沿顶龙骨、沿墙龙骨和沿柱龙骨，统称为边框龙骨。边框龙骨和主体结构的固定，一般采用射钉法，即按间距不大于 1 m 打入射钉与主体结构固定，也可以采用电钻打孔打入膨胀螺栓或在主体结构上留预埋件的方法固定。

圆曲面隔墙墙体的构造，应根据曲面要求将沿地龙骨、沿顶龙骨切锯成锯齿形，固定在顶面和地面上，然后按较小的间距（一般为 150 mm）排立竖向龙骨。

（三）轻钢龙骨隔墙的安装

轻钢龙骨隔墙的安装步骤是：墙位放线→安装沿顶和沿地龙骨→安装竖向龙骨（包括门口加强龙骨）→安装横撑龙骨和通贯龙骨→各种洞口龙骨加强→安装墙内管线及其他设施。

1.墙位放线

根据设计要求，在楼（地）面上弹出隔墙的位置线，即隔墙的中心线和墙的两侧线，并引到隔墙两端墙（或柱）面及顶棚（或梁）的下面，同时将门口位置、竖向龙骨位置在隔墙的上、下处分别标出，作为施工时的标准线，而后再进行骨架的组装。如果设计要求有墙基，应按准确位置先进行隔墙基座的砌筑。

2.安装沿顶和沿地龙骨

地面和顶棚下分别摆好横龙骨，注意在龙骨与地面、顶面接触处应铺填橡胶条或沥青泡沫塑料条，再按规定的间距用射钉或用电钻打孔塞入膨胀螺栓，将沿地龙骨和沿顶龙骨固定于楼（地）面和顶（梁）面。射钉或电钻打孔按 0.6～0.8 m 的间距布置，水平方向应不大于 0.8 m，垂直方向不大于 1.0 m。射钉射入基体的最佳深度：混凝土为 22～32 mm，砖墙为 30～50 mm。

3.安装竖向龙骨

龙骨的间距要依据罩面板的实际宽度而定，对于罩面板材较宽者，需要在中间加设一根竖龙骨，比如板宽 900 mm，其竖龙骨间距宜为 450 mm。将预先切截好长度的竖向龙骨推向沿顶，沿地龙骨之间，翼缘朝向罩面板方向。应注意竖龙骨的上下方向不能颠倒，现场切割时，只可从其上端切断。门窗洞口处应采用加强龙骨，当门的尺寸大并且门扇较重时，应在门洞口处另加斜撑。

4.安装横撑龙骨和通贯龙骨

在龙骨上安装支撑卡与通贯龙骨连接；在竖向龙骨开口面安装卡托与横撑龙骨连接；通贯龙骨的接长使用其龙骨接长件。

5.安装墙内管线及其他设施

墙内轻钢龙骨主配件组装完毕后，罩面板铺钉之前，要根据要求敷设墙内暗装管线、开关盒、配电箱及绝缘保温材料等，同时固定有关的垫缝材料。

（四）轻钢龙骨隔墙饰面基层板的固定

如前所述，轻钢龙骨隔墙的饰面基层板有多种，其中最常用的是纸面石膏板。现以纸面石膏板为例介绍轻钢龙骨隔墙的饰面基层板的固定方法。

在轻钢龙骨上用平头自攻螺丝固定纸面石膏板，其规格通常有 M4 或 M5 两种，螺钉的间距为 200 mm 左右。固定纸面石膏板应将板竖向放置，当两块在一条竖龙骨上对缝时，其对缝应在龙骨之间，对缝的缝隙不得大于 3 mm。

固定时，先将整张板材铺在龙骨架上，对正缝位后，用麻花钻头将板材与轻钢龙骨一并钻孔，再用 M4 或 M5 的自攻螺钉进行固定，固定后的螺钉头要沉入板材平面 2～3 mm，应尽量使用整张板材，也可根据实际情况切割板材，切割石膏板时可用壁纸刀、钩刀等。

二、铝合金龙骨玻璃隔墙施工

铝合金隔墙，是用铝合金型材组成框架，再配以各种有机玻璃或其他材料组合而成。

（一）铝合金龙骨材料

铝合金材料是在纯铝加入镁等元素制成的，具有质轻、耐蚀、耐磨、韧性好等特点。其表面经氧化着色处理后，可得到银白色、金色、青铜色和古铜色等几种颜色，该材料经久耐用，具有制作简单、与墙体连接牢固的特点，适用于写字楼办公室间隔、厂房间隔和其他隔断墙体。

（二）铝合金龙骨的施工工艺

铝合金隔墙是用铝合金型材组成的框架。其主要施工工序：弹线定位→铝合金材料划线下料→固定及组装框架。下面重点介绍前两道工序。

1.弹线定位

（1）定位内容

①根据施工图确定隔墙在室内的具体位置。

②确定隔墙的高度。

③确定竖向型材的间隔位置等。

（2）弹线定位顺序

①弹出地面位置线。

②用垂直法弹出墙面位置和高度线，并检查与铝合金隔墙相接墙面的垂直度。

③标出竖向型材的间隔位置和固定点位置。

2.划线下料

划线下料是一项细致的工作，如果划线不准确，不仅会使接口缝隙不美观，而且还会造成浪费。所以，划线的准确度要求很高，其精度要求为长度误差±0.5 mm。

划线时，通常在地面上铺一张干净的木夹板，将铝合金型材放在木夹板上，用钢尺和钢针对型材划线。同时，在划线操作时注意不要碰伤型材表面。划线下料应注意以下几个方面。

①应先从隔断墙中最长的型材开始划线，逐步到最短的型材，并应将竖向型材与横向型材分开进行划线。

②划线前，应注意复核一下实际所需尺寸与施工图中所标注的尺寸有没有误差。如误差小于 5 mm，则可按施工图尺寸下料，如误差较大，则应按实量尺寸施工。

③划线时，要以沿顶和沿地型材的一个端头为基准，划出与竖向型材的各连接位置线，以保证顶、地之间竖向型材安装的垂直度和对位准确性。要以竖向型材的一个端头为基准，划出与横向型材的各连接位置线，以保证各竖向龙骨之间横向型材安装的水平度。划连接位置线时，必须划出连接部的宽度，以便在宽度范围以内安置连接铝角。

④铝合金型材的切割下料，主要用专门的铝材切割机，切割时应夹紧型材，锯片缓

缓与型材接触，切不可猛力下锯。切割时应齐线切，或留出线痕，以保证尺寸的准确。切割中，进刀用力均匀才能使切口平滑。快要切断时，进刀用力要适中，以保证切口边部的光滑。

（三）连接固定

半高铝合金隔墙，通常是先在地面组装好框架后，再竖立起来固定；全封铝合金隔墙通常是先固定竖向型材，再安装横向型材。铝合金型材相互连接主要是用铝角和自攻螺钉。铝合金型材与地面、墙面的连接则主要是用铁脚固定法。

1.型材间的相互连接件

隔墙的铝合金型材，其截面通常是矩形长方管，常用规格为 76 mm×45 mm 和 101 mm×45 mm（截面尺寸）。为了安装方便与美观，铝合金型材组装的隔墙框架所用的竖向型材和横向型材一般都采用同一规格尺寸的型材。

型材的安装连接主要是竖向型材与横向型材的垂直结合，目前所采用的方法主要是铝角件连接法。铝角件连接的作用有两个：一个是使两件型材互相接合；另一个是起到定位的作用，防止型材安装后产生转动现象。

所用的铝角通常是厚铝角，其厚度为 3 mm 左右，在一些非承重的位置也可以用型材的边角料作铝角连接件。对连接件的基本要求是：有一定的强度，尺寸要准确，铝角件的长度应是型材的内径长，铝角件正好装入型材管的内腔之中。铝角件与型材的固定，通常采用自攻螺钉。

2.型材的相互连接方法

型材的相互连接方法，是沿竖向型材，在与横向型材相连接的划线位置上固定铝角，具体连接方法如下。

第一，在固定之前，先在铝角件上钻直径为 3～4 mm 的两个孔，孔中心距铝角件端头 10 mm。然后用一小截型材（厚 10 mm 左右）放入竖向型材的即将固定横向型材的划线位置上。再将铝角件放入这一小截型材内，用手电钻和用相同于铝角件上小孔直径的钻头，通过铝角件上小孔在竖向型材上打出两孔。最后用 M4 或 M5 自攻螺钉，把铝角件固定在竖向型材上。用这种方法固定铝角件，可使两个型材在相互连接后，保证垂直度和对缝的准确性。

第二，横向型材与竖向型材连接时，先要将横向型材端头插入竖向型材上的铝角件，并使其端头与竖向型材侧面靠紧。再用手电钻将横向型材与铝角件一并打两个孔，然后用自攻螺钉固定，一般方法是钻好一个孔位后马上用自攻螺钉固定，再接着打下一个孔。

第三，为了保证对接处的美观，自攻螺钉的安装位置应设置在较隐蔽处。通常的处理方法为：如果对接处在 1.5 m 以下，自攻螺钉头安装在型材的下方；如果对接处在 1.8 m 以上，自攻螺钉安装在型材的上方。这在固定铝角件时将其弯角的方向加以改变即可。

3.框架与墙、地面的固定

铝合金框架与墙、地面的固定，通常用铁脚件。铁脚件的一端与铝合金框架连接，另一端与墙面或地面固定。其具体的固定方法有如下几条。

第一，在固定之前，先找好墙面上和地面上的固定点位置，避开墙面的重要饰面部分和设备、线路部分，如果与木质墙面固定，固定点必须安装在有木龙骨的位置处。然后，在墙面或地面的固定位置上，做出可埋入铁脚件的凹槽。如果墙面或地面还需进行抹灰处理时，可不必做出此凹槽。

第二，按墙面或地面的固定点位置，在沿墙、沿地或沿顶型材上划线，再用自攻螺钉把铁脚件固定在划线位置上。

第三，铁脚件与墙面或地面的固定，可用膨胀螺栓或铁钉木楔方法，但前者的固定稳固性优于后者。如果是与木质墙面固定，铁脚件可用木螺钉固定于墙面内木龙骨上。

4.组装方法

铝合金隔墙框架有两种组装方式：一种是先在地面上进行平面组装，然后将组装好的框架竖起进行整体安装；另一种是直接对隔墙框架进行安装。但不论哪一种组装方式，在组装时都是从隔墙框架的一端开始。通常，先将靠墙的竖向型材与铝角件固定，再将横向型材通过铝角件与竖向型材连接，并以此方法组成框架。

以直接安装方法组装隔墙骨架时，要注意竖向型材与墙地面的安装固定。通常是先定位，然后与横向型材连接，最后与墙地面固定。

三、木龙骨板材隔墙施工

木龙骨隔墙的木龙骨由上槛、下槛、主柱（墙筋）和斜撑组成。按立面构造，木龙骨隔墙分为全封隔墙、有门窗隔墙和半高隔墙三种类型。

为了使木龙骨隔墙有一定的厚度，常用 25 mm×30 mm 的带凹槽木方做成两片龙骨的框架，每片为规格 300 mm×300 mm 或 400 mm×400 mm，再将两个框架用木方横杆相连接，这种结构适用于宽度为 150 mm 左右的木龙骨隔墙。

（一）木龙骨隔墙的安装

木龙骨隔墙所用木材的树种、材质等级、含水率以及防腐、防虫、防火处理，必须符合设计要求和相关规定。接触砖、石、混凝土的骨架和预埋木砖，应经防腐处理，连接用的铁件必须经镀锌防锈处理。

1.弹线打孔

根据设计图纸的要求，在楼地面和墙面上弹出隔墙的位置线（中心线）和隔墙厚度线（边线）。同时按 300～400 mm 的间距确定固定点的位置，用直径 7.8 mm 或 10.8 mm 的钻头在中心线上打孔，孔深 45 mm 左右，向孔内放入 M6 或 M8 的膨胀螺栓。注意打孔的位置与骨架竖向木方错开。如果用木楔铁钉固定，就需打出直径 20 mm 左右的孔，孔深 5 mm 左右，再向孔内打入木楔。

2.固定木龙骨

固定木龙骨的方式有多种。为保证装饰工程的安全性，在室内装饰工程中，通常遵循不破坏原建筑结构的原则进行龙骨的固定。木龙骨的固定一般按以下步骤进行。

①固定木龙骨的位置，通常是在沿地、沿墙、沿顶等处。

②在固定木龙骨前，应按对应地面和顶面的隔墙固定点的位置，在木龙骨架上划线，标出固定点位置，进而在固定点上打孔，孔的直径应略微大于膨胀螺栓的直径。

③对于半高矮隔墙来说，主要靠地面固定和端头的建筑墙面固定。如果矮隔墙的端头处无法与墙面固定，常采用铁件来加固端头处。

3.木龙骨架与吊顶的连接

在一般情况下，隔墙木龙骨架的顶部与建筑楼板底的连接可有多种选择，采用射钉固定连接件，采用膨胀螺栓连接或采用木楔圆钉连接等做法均可。若隔墙上部的顶端不是建筑结构，而是装饰吊顶，其处理方法需要根据吊顶结构而确定。

对于不设开启门扇的隔墙，当其与铝合金或轻钢龙骨吊顶接触时，只要求与吊顶面之间的缝隙要小而平直，隔墙木骨架可独自与吊顶内建筑楼板以木楔圆钉固定。当其与吊顶的木龙骨接触时，应将吊顶木龙骨与隔墙木龙骨的沿顶龙骨钉接起来，如果两者之间有接缝，还应垫实接缝后再钉钉子。

对于设有开启门扇的隔墙，考虑到门的启闭振动与人的往来碰撞，其顶端应采取较牢靠的固定措施，一般做法是使竖向龙骨穿过吊顶面与建筑楼板底面固定，需采用斜角支撑。斜角支撑的材料可以是方木，也可以是角钢，斜角支撑杆件与楼板底面的夹角以60° 为宜。斜角支撑与基体，可用木楔铁钉或膨胀螺栓连接。

（二）固定板材

木龙骨隔墙的饰面基层板，通常采用木夹板、中密度纤维板等木质板材。现以木夹板的钉装固定为例，介绍木龙骨隔断墙饰面基层板的固定方法。

木龙骨隔断墙上固定木夹板的方式，主要有明缝固定和拼缝固定两种。

明缝固定是在两板之间留一条有一定宽度的缝隙，当无明确规定时，预留的缝宽以8～10 mm 为宜。如果明缝处不用垫板，则应将木龙骨面刨光，使明缝的上下宽度一致。在锯割木夹板时，用靠尺来保证锯口的平直度与尺寸的准确性，锯完后应用 0 号木砂纸打磨修边。

拼缝固定时，要对木夹板正面四边进行倒角处理（边倒角为 45° ），以便在以后的基层处理时可将木夹板之间的缝隙补平。钉板的方法是用 25 mm 射钉或铁钉，把木夹板固定在木龙骨上，要求布钉均匀，钉距掌握在 100 mm 左右。通常 5 mm 厚以下的木夹板用 25 mm 钉子固定，9 mm 厚左右的木夹板用 30～35 mm 的钉子固定。

对钉入木夹板的钉头，有两种处理方法。一种是先将钉头打扁，再将钉头打入木夹板内；另一种是先将钉头与木夹板钉平，待木夹板全部固定后，再用尖头冲子逐个将钉头冲入木夹板平面以内 1 mm。射钉的钉头可直接埋入木夹板内，所以不必再处理。但在用射钉时，要注意把射钉嘴压在板面上后再扣动扳机打钉，以保证钉头埋入木夹板内。

（三）木隔墙门窗的构造

1.门框构造

木隔墙的门框是以门洞口两侧的竖向木龙骨为基体，配以挡位框、饰边板或饰边线组合而成的。传统的大木方骨架的隔墙门洞竖龙骨断面大，其挡位框的木方可直接固定于竖向木龙骨上。对于小木方双层构架的隔墙，由于其木方断面较小，应该先在门洞内侧钉固 12 mm 厚的胶合板或实木板之后，才可在其上固定挡位框。如若对木隔墙门的设置要求较高，其门框的竖向木方应具有较大断面，并采取铁件加固法，这样做可以保证不会由于门的频繁启闭振动而造成隔墙的颤动或松动。

木质隔墙门框在设置挡位框的同时，为了收边、封口的美观，一般都采取包框饰边的结构形式，常见的有厚胶合板加木线包边、阶梯式包边、大木线条压边等。安装固定时可使用胶黏剂钉合，装设牢固，注意铁钉应冲入面层。

2.窗框构造

木隔墙中的窗框是在制作木隔断时预留出来的。木隔墙的窗有固定式和活动窗扇式，固定式是用木条把玻璃固定在窗框中，活动窗扇式与普通活动窗基本相同。

（四）饰面

木隔墙的饰面处理其实就是使板材表面美观，并将板材用适宜的材料覆盖，使板材不暴露在空气之中，达到保护板材的目的。在木龙骨板材的基面上，可以进行饰面的种类很多，在实际工程中主要有涂料饰面、裱糊饰面、镶嵌各种罩面板等。

第三节　吊顶工程

吊顶是建筑内部的上部界面装饰工程，是室内装饰装修的重要部位，其装饰效果如何对室内的整体装饰效果有重要影响。

吊顶的形式和种类繁多。按骨架材料不同，可分为木龙骨吊顶、轻钢龙骨吊顶和铝合金龙骨吊顶等；按罩面材料的不同，可分为抹灰吊顶、纸面石膏板吊顶、纤维板吊顶、胶合板吊顶、塑料板吊顶和金属板吊顶等；按设计功能不同，可分为艺术装饰吊顶、吸音吊顶、隔音吊顶、发光吊顶等；按安装方式不同，可分为直接式吊顶、悬吊式吊顶等。在装饰工程中，吊顶主要是按安装方式不同进行分类的。

直接式吊顶按照施工方法和装饰材料不同，可以分为直接刷（喷）浆顶棚、直接抹灰顶棚和直接粘贴式顶棚。悬吊式吊顶，又称为天花板、天棚、平顶等，具有保温、隔热、隔音和吸音作用，既可以增加室内的亮度，又能达到节约能耗的目的，是现代装饰设计中常用的吊顶方式。

吊顶工程除了要具有优美的造型，还要处理好声学（吸收和反射音响）、人工照明、空气调节（通风和换气）以及防火等有关技术问题。由于顶棚表面的反射作用，吊顶不仅能增加室内的亮度，而且有防寒保温、隔热、隔音等功能，还能为空调、灯具、管线提供安装条件，为人们的工作、学习、生活创造舒适的环境。吊顶的形式和种类虽然很多，但其功能和施工工艺大体相同。下面主要介绍木龙骨板材罩面吊顶和轻钢龙骨石膏板吊顶的施工。

一、木龙骨板材罩面吊顶施工

木龙骨便于加工，适合面积较小且造型复杂的吊顶工程，其装饰面层可以选用胶合板、纤维板、石膏板、塑料板和各种吸音装饰板。下面主要介绍胶合板罩面吊顶施工。

（一）胶合板材的质量要求

胶合板材相邻两层板的木纹应互相垂直；中心层两侧对称层的单板应为同一厚度、同一树种或物理性能相似的树种，并用同一生产方法（旋切或刨切），且木纹配置方向也相同；同一表板应为同一树种，表板应面朝外。

拼缝应用无孔胶纸带，但该纸带不得用于胶合板内部。如用其拼接一、二等面板或修补裂缝，除不修饰外，事后应除去胶纸带且不留明显胶纸痕迹。对于针叶树材二等胶合板面板，允许留有胶纸带，但总长度应不大于板长的15%。

在正常的干状条件下，阔叶树材胶合板的表层单板厚度应不大于3.5 mm，内层单板厚度应不大于5 mm；针叶树材胶合板的表层单板和内层单板厚度，均应不大于6.5 mm。

（二）木龙骨的吊装施工

1.放线

放线是吊顶施工中比较重要的环节。放线的内容主要包括：标高线、造型位置线、吊点布置线、大中型灯位线等。放线的作用：一方面使施工有了基准线，便于下一道工序确定施工位置；另一方面能检查吊顶以上部位的管道等对标高位置的影响。

2.木龙骨处理

木龙骨需按照设计要求进行防火、防腐处理。

3.龙骨拼装

龙骨常采用咬口（半样扣接）拼装法，具体做法为：在龙骨上开出凹槽，槽深、槽宽以及槽与槽之间的距离应符合有关规定。然后，将凹槽与凹槽进行咬口拼装，凹槽处应涂胶并用钉子固定。

4.安装吊点、吊筋

①吊点：常采用膨胀螺栓、射钉、预埋铁件等方法。②吊筋：常采用钢筋、角钢、扁铁或方木，其规格应满足承载要求，吊筋与吊点的连接可采用焊接、钩挂、螺栓或螺钉的连接等方法。吊筋安装时，应做防腐、防火处理。

5.固定沿墙龙骨

沿吊顶标高线固定沿墙龙骨，一般是用冲击钻在标高线以上 10 mm 处墙面打孔，孔深 12 mm，孔距 0.5～0.8 m，孔内塞入木楔，将沿墙龙骨钉固在墙内木楔上，沿墙木龙骨的截面尺寸与吊顶次龙骨尺寸一样。沿墙木龙骨固定后，其底边与其他次龙骨底边标高一致。

6.龙骨吊装固定

木龙骨吊顶的龙骨架有两种形式，即单层网格式木龙骨架和双层木龙骨架。

（1）单层网格式木龙骨架的吊装固定

①分片吊装：单层网格式木龙骨架的吊装一般先从一个墙角开始，将拼装好的木龙骨架托起至标高位。高度低于 3.2 m 的吊顶骨架，可在高度定位杆上作为临时支撑。

②龙骨架与吊筋固定：龙骨架与吊筋的固定方法有多种，视选用的吊杆材料和构造而定，常采用绑扎、钩挂、木螺钉固定等方法。

③龙骨架分片连接：龙骨架分片吊装在同一平面后，要进行分片连接形成整体，其方法是将端头对正，用短方木进行连接，短方木钉于龙骨架对接处的侧面或顶面，对于一些重要部位的龙骨连接，可采用铁件进行连接加固。

④叠级吊顶龙骨架连接：对于叠级吊顶，一般是先从最高平面（相对可接地面）吊装，其高低面的衔接，常用做法是先以一条方木斜向将上下平面龙骨架定位，而后用垂直的方木把上下两个平面龙骨架连接固定。

⑤龙骨架调平与起拱：对一些面积较大的木龙骨架吊顶，可采用起拱的方法来平衡吊顶的重力，并减少人们视觉上的下坠感。一般情况下，跨度在 7～10 m，起拱量为 3/1 000；跨度在 10～15 m，起拱量为 5/1 000。

（2）双层木龙骨架的吊装固定

①主龙骨架的吊装固定：按照设计要求的主龙骨间距（通常为 1 000～1 200 mm）布置主龙骨（通常沿房间的短向布置）并与已固定好的吊杆间距一致。连接时先将主龙骨搁置在沿墙龙骨（标高线木方）上，调平主龙骨，然后与吊杆连接并与沿墙龙骨钉接或用木楔将主龙骨与墙体楔紧。

②次龙骨架的吊装固定：次龙骨是采用小木方通过咬口拼接而成的木龙骨网格，其

规格、要求及吊装方法与单层网格式木龙骨吊顶相同。将次龙骨吊装至主龙骨底部并调平后，用短木方将主、次龙骨连接牢固。

（三）胶合板的罩面施工

1.基层板的接缝的处理

基层板的接缝形式，常见的有对缝、凹缝和盖缝三种。

①对缝（密缝）。板与板在龙骨上对接，此时板多为粘、钉在龙骨上，缝处容易产生变形或裂缝，可用纱布粘贴缝隙。

②凹缝（离缝）。在两板接缝处做成凹槽，凹槽有V形和矩形两种。凹缝的宽度一般不小于10 mm。

③盖缝（离缝）。板缝不直接暴露在外，而是利用压条盖住板缝，这样可以避免缝隙宽窄不均。

2.基层板的固定

①钉接：用铁钉将基层板固定在木龙骨上，钉距为80～150 mm，钉长为25～35 mm，钉帽砸扁并进入板面0.5～1 mm。

②黏结：即用各种胶黏剂将基层板黏结于龙骨上，如矿棉吸音板可用一定比例的水泥石膏粉加入适量的107胶进行黏结。

工程实践证明，对于基层板的固定，若采用黏、钉结合的方法，则固定更为牢固。

（四）木龙骨吊顶节点处理

1.阴角节点

阴角是指两面相交内凹部分，其处理方法通常是用角木线钉压在角位上。固定时用直钉枪，在木线条的凹部位置打入直钉。

2.阳角节点

阳角是指两相交面外凸的角位，其处理方法也是用角木线钉压在角位上，将整个角位包住。

3.过渡节点

过渡节点是指在两个落差高度较小的面接触处或平面上，两种不同材料的对接处。其处理方法通常是用木线条或金属线条固定在过渡节点上。木线条可直接钉在吊顶面上，不锈钢等金属条则用粘贴法固定。

二、轻钢龙骨石膏板吊顶施工

（一）材料

1.石膏板

材质、规格及质量性能指标符合设计及规范要求；选用的品牌应得到业主的认可。

2.龙骨

龙骨应采用原厂产品配套的镀锌龙骨，质量应符合相关规定，双面镀锌量不少于120 g/m^2。

3.零配件

所需的零配件如镀锌钢筋吊杆、射钉、镀锌自攻螺钉等，质量也应符合相关规定。

（二）主要施工机具

电锯、无齿锯、射钉枪、手锯、手刨子、钳子、螺丝刀、扳子、方尺、钢尺、钢卷尺等。

（三）施工前的检查工作

①应熟悉施工图纸及设计说明。

②应按设计要求对空间尽高、洞口标高和吊顶内管道、设备及其支架标高进行交接检查。

③应对吊顶内管道、设备的安装及水管试压进行验收，确定好灯位、通风口及各种露明孔口位置，并核对吊顶高度对其内设备标高是否有影响。

④检查所用的材料和配件是否准备齐全。在安装龙骨之前必须完成墙面的作业项目。搭设好顶棚施工的操作平台架子。

⑤石膏板龙骨吊顶在大面积施工前，应做样板间，对顶棚的起拱度、灯槽、通风口的构造处理，分块及固定方法等应经试装并经鉴定后方可大面积施工。

（四）工艺流程

基层处理→测量放线→安装吊筋→安装主龙骨→安装副龙骨→安装横撑龙骨→安装石膏板→处理缝隙→涂料基层→涂料施工→清理验收→成品保护。下面重点介绍前几个施工环节。

1.基层清理

吊顶施工前应将管道洞口封堵处清理干净，以及顶上的杂物清理干净。

2.测量放线

根据每个房间的水平控制线确定图示吊顶标高线，并在墙顶上弹出吊顶龙骨线作为安装的标准线，同时在标准线上划好龙骨分档间距位置线。

3.安装吊筋

吊筋紧固件或吊筋与楼面板或屋面板结构的连接固定有以下四种常见方式。

①用 M8 或 M10 膨胀螺栓将角钢固定在楼板底面上。注意钻孔深度应大于或等于 60 mm，打孔直径略大于螺栓直径 2～3 mm。

②用射钉将角钢或钢板等固定在楼板底面上。

③浇捣混凝土楼板时，在楼板底面（吊点位置）预埋铁件，可采用 150 mm×150 mm×6 mm 钢板焊接铆钉，铆钉在板内铆固长度不小于 200 mm。

④采用短筋法在现浇板浇筑时或预制板灌缝时预埋短钢筋，要求外露部分（露出板底）不小于 150 mm。

4.安装主龙骨

吊顶采用 U50 主龙骨，吊顶主龙骨间距为 600 mm，沿房间长向安装，同时应起拱（房间跨度的 1/500）。端头距墙 300 mm 以内，安装主龙骨时，将主龙骨用吊挂件连接在吊杆上，拧紧螺丝，要求主龙骨连接部分要增设吊点，用主龙骨接件连接，接头和吊杆方向也要错开。并根据现场吊顶的尺寸，严格控制每根主龙骨的标高。随时拉线检查龙骨的平整度，不得有悬挑过长的龙骨。

5.安装副龙骨

副龙骨间距为400 mm，两条相邻副龙骨端头接缝不能在一条直线上，副龙骨可采用相应的吊挂件固定在主龙骨上，并可根据吊顶的造型进行叠级安装。注意应在吊灯、窗帘盒、通风口周围加设副龙骨。

6.安装横撑龙骨

在两块石膏板接缝的位置安装U50横撑龙骨，间距1 200 mm。横撑龙骨垂直于副龙骨方向，采用水平连接件与副龙骨固定。石膏板接头处必须增设横撑龙骨。

7.石膏板安装

石膏板应在自由状态下固定，长边沿纵向龙骨铺设，自攻螺钉间距为10～16 cm，钉头应略埋入板面，刷防锈漆，按设计要求处理板接缝。

（五）轻钢龙骨石膏板吊顶施工注意事项

①顶棚施工前，顶棚内所有管线，如智能建筑弱电系统工程的全部线路必须全部铺设完毕。

②吊筋、膨胀螺栓应当全部做防锈处理。

③为保证吊顶骨架的整体性和牢固性，龙骨的接头应错位安装，相邻三排龙骨的接头不应接在同一直线上。

④顶棚内的灯槽、斜撑、剪刀撑等，应按具体设计施工。轻型灯具可吊装在主龙骨或附加龙骨上，重型灯具或电扇则不得与吊顶龙骨连接，而是应另设吊钩吊装。

⑤嵌缝石膏粉（配套产品）系以精细的半水石膏粉加入一定量的缓凝剂等加工而成，主要用于纸面石膏板嵌缝及钉孔填平等处。

⑥温度变化对纸面石膏板的线膨胀系数影响不大，但空气湿度会对纸面石膏板的线性膨胀和收缩产生较大影响。为了保证装修质量，避免纸面石膏板在干燥时出现裂缝，在空气湿度较高的环境下一般不宜嵌缝。

⑦对于大面积的纸面石膏板吊顶，应注意设置膨胀缝。

参 考 文 献

[1] 曹春雷.室内装饰材料与施工工艺[M].北京：北京理工大学出版社，2019.

[2] 杜宇，韩甜.项目施工图深化设计与施工工艺[M].北京：北京理工大学出版社，2018.

[3] 郭东兴.装饰材料与施工工艺[M].3 版.广州：华南理工大学出版社，2018.

[4] 郭凤双，施凯.建筑施工技术[M].成都：西南交通大学出版社，2019.

[5] 郭啸晨.绿色建筑装饰材料的选取与应用[M].武汉：华中科技大学出版社，2020.

[6] 惠彦涛.建筑施工技术[M].上海：上海交通大学出版社，2019.

[7] 阚璇.建筑装饰材料与施工工艺[M].天津：天津人民美术出版社，2020.

[8] 郎宇福.室内装饰声学施工图集[M].北京：化学工业出版社，2020.

[9] 李高锋，刘大鹏，焦文俊.建筑施工技术[M].南京：南京大学出版社，2020.

[10] 刘雁宁.装饰施工图深化设计[M].武汉：华中科技大学出版社，2019.

[11] 刘宇，赵继伟，赵莉.屋面与装饰工程施工[M].北京：北京理工大学出版社，2018.

[12] 卢志锋.装饰材料与施工工艺[M].北京：北京工业大学出版社，2020.

[13] 陆军.建筑装饰工程施工手册[M].北京：中国建筑工业出版社，2019.

[14] 谭平，张瑞红，孙青霭.建筑材料[M].3 版.北京：北京理工大学出版社，2019.

[15] 王本明.建筑装修装饰概论[M].3 版.北京：中国建筑工业出版社，2019.

[16] 王静波，陆津，潘晶.装饰材料与施工工艺[M].北京：北京理工大学出版社，2021.

[17] 王欣，陈梅梅.建筑材料[M].3 版.北京：北京理工大学出版社，2019.

[18] 吴静，陈术渊，周峰.装饰材料与施工工艺[M].镇江：江苏大学出版社，2019.

[19] 严晗.高海拔地区建筑工程施工技术指南[M].北京：中国铁道出版社有限公司，2019.

[20] 杨逍，谢代欣.建筑装饰材料与施工工艺[M].北京：中国建材工业出版社，2019.

[21] 要永在.装饰工程施工技术[M].北京：北京理工大学出版社，2018.

[22] 张飞燕.建筑施工工艺[M].杭州：浙江大学出版社，2019.

[23] 张晶.建筑装饰材料与施工工艺[M].合肥：合肥工业大学出版社，2019.
[24] 张琪.装饰材料与工艺[M].上海：上海人民美术出版社，2019.
[25] 张英杰.建筑装饰施工技术[M].北京：中国轻工业出版社，2018.
[26] 张颖，赵飞乐.室内装饰材料与施工工艺[M].南京：南京大学出版社，2019.
[27] 张永平，张朝春.建筑与装饰施工工艺[M].北京：北京理工大学出版社，2018.
[28] 赵志刚，何杰.建筑施工常用规范重点条文解析与应用[M].北京：中国建筑工业出版社，2019.
[29] 赵志刚，卫运桥.建筑施工细部节点优秀做法[M].北京：中国建筑工业出版社，2019.
[30] 周康，秦培晟，谭惠文.装饰材料与施工工艺[M].镇江：江苏大学出版社，2018.
[31] 周子良，汤留泉.建筑装饰施工工艺[M].北京：中国轻工业出版社，2020.